中国海洋空间丛书

杨国桢 等 著

中国海洋资源空间

海洋出版社

2021年·北京

图书在版编目（CIP）数据

中国海洋资源空间／杨国桢等著. —北京：海洋出版社，2018. 12

（中国海洋空间丛书）

ISBN 978-7-5210-0278-2

Ⅰ. ①中…　Ⅱ. ①杨…　Ⅲ. ①海洋资源-研究-中国　Ⅳ. ①P74

中国版本图书馆 CIP 数据核字（2018）第 272703 号

中国海洋资源空间

Zhongguo Haiyang Ziyuan Kongjian

策划编辑：高朝君　冷旭东

责任编辑：常青青

责任印制：赵麟苏

海洋出版社 出版发行

http://www. oceanpress. com. cn

北京市海淀区大慧寺路 8 号　邮编：100081

中煤（北京）印务有限公司印刷

2019 年 1 月第 1 版　　2021 年 3 月北京第 2 次印刷

开本：787mm×1092mm　1/16　印张：14

字数：209 千字　　定价：58. 00 元

发行部：62132549　邮购部：68038093

总编室：62114335　编辑室：62100038

海洋版图书印、装错误可随时退换

总　序

党的十九大报告提出："坚持陆海统筹，加快建设海洋强国。"进入21世纪，随着中国经济的腾飞和全球经济一体化进程的不断加深，以及实现中华民族伟大复兴的中国梦的提出，海洋对中国崛起的重要性日益提高，海洋霸权主义者遏制中国海洋空间的声音和行动日益增多，吸引了中国人对"海洋空间"的关注。什么是海洋空间？中国的海洋空间在哪里？需要一个科学的回答。

"海洋空间"是20世纪70年代以后流行起来的名词。海洋空间是一种广义的自然与人文的物质存在体，包含客观存在形式的自然主体——海洋，也包含生活在海洋世界中作为建构主体的人类的行为范畴——人文活动，亦即海洋空间包括自然海洋空间与人文海洋空间两个不可分割的组成部分。从自然科学的角度讲，海洋空间过去通常指地球表面陆地之外的连续咸水体，现代则指由海洋水体、海岛、岛礁、海洋底土、周边海岸带及其上空组合的地理空间和生态系统。海水包围的海岛、岛礁，水下的底土，南北极的极地，水陆相交的大陆海岸带陆域，以及海上的天空，与海洋水体形成"生命共同体"，都被视为是海洋空间的组成部分。从人文社会科学的角度讲，海洋空间是人类生存发展的第二空间，是人类以自然海洋空间为基点的行为模式、生产生活方式及交往方式施展的场域，是人类海洋性实践活动和文化创造的空间，是一个与大陆文明空间存在形式的农耕世界、游牧世界并存的海洋世界文明空间。

海洋空间的内涵丰富，首先是海洋自然空间，但自然的每一个角落都深受人文的作用与影响，因此海洋空间的维度与广度与人类发展息息相关，从纵向看，它贯穿人类海洋活动的所有时间，从远古至于今，直到未来；从横向看，它包含人类海洋活动的一切领域，直接和间接从事海洋活动的空间体系，有政治、经济、社会、军事、文化等不同的层次。所以，海洋空间研究既是海洋自然科学又是海洋人文社会科学研究的大题目，目前尚未见到综合研究的成果，而中国海洋空间的整体研究还是空白，需要我们不断地探索、创新和开拓。

献给读者的这套书，是我和博士生们运用海洋人文社会科学“科际整合”方法的尝试。主要研究海洋对国民生存的历史影响与未来改变，探索新的生存空间的构建，从海洋社会的角度诠释我国自己独特的政治制度、社会制度和国情文化，为合理开发利用海洋提供理论支撑，唤醒国民的海洋意识，使国民认识海洋、关心海洋、热爱海洋。我们结合博士学位课程“海洋史学学术前沿追踪”的学习和讨论，从前人和当下不同学科的学者对海洋空间的解释吸取知识和灵感，确立观察的视点，建构中国的海洋空间体系。广泛搜集资料和吸收中外专家学者的研究成果，接触了以往未曾碰摸过的领域和知识，不断完善自己的思路，构建新的叙事方法，以过去·现在·未来的时空布局，分为四册：第一册《中国海洋空间简史》（杨国桢、章广、刘璐璐著），追溯过往，讲述中国海洋空间的历史变迁；第二册《中国海洋资源空间》（杨国桢、王小东、朱勤滨著）和第三册《中国海洋权益空间》（杨国桢、徐鑫、徐慕君著），立足现实，主要讲述现在的中国海洋空间；第四册《中国海洋战略空间》（杨国桢、陈辰立、李广超著），展望未来，重点讲述中国海洋空间的发展前景。

海洋空间是中华民族生存发展的重要领域，中华民族在中国海洋空间领域上创造了举世瞩目的繁盛的海洋文明。在第一册里，我们跳出传统王朝体系史学书写的束缚，以海洋发展为本位，叙述中国海洋空间发展的历史，梳理海洋空间发展的脉络，展示中国海洋空间形成、发展、演变的进程。

海洋有丰富的资源，这是海洋能成为人类第二生存空间的基础，海洋资源量的变化直接体现了海洋资源空间的大小。在第二册里，我们站在陆海整体以及人类可持续发展的角度，从海洋地理资源空间、海洋物质资源空间、海洋能资源空间、海洋文化资源空间和海洋资源空间拓展几个方面来探讨中国的海洋资源空间。摆脱了过往研究割裂资源与空间、自然资源与人文资源联系的缺陷，书中将上述两组对象放置一起，对中国海洋资源空间的现状、海洋资源空间开发利用中存在的问题，以及资源空间的开拓都作了比较全面的解说。

海洋既是人类生存的基本空间，也是国际政治斗争的重要舞台，海洋政治的实质是海洋权益之争。海洋权益是与海洋权利紧密相连的法律术语，它直接体现出“利益”的诉求，并强调在合法权利的基础上实现海洋利益的维护。海洋权益空间不仅仅只属于某一个或某几个海洋大国，而应该有广泛的参与性。在第三册里，我们把海洋权益空间划分为四类：主权海洋权益空间、公共海洋权益空间、移动的海洋权益空间、特殊的海洋权益空间，指出中国的海洋权益空间所在，以及当下中国维护海洋权益的伟大实践。

海洋是支撑人类未来发展的重点战略空间，是中华民族实现伟大“中国梦”不可或缺的战略空间。海洋战略空间既指海洋战略实践的具体场所与基本方面，又指对现有海洋战略发展趋势的预测以及对未来海洋战略的谋篇规划。在第四册里，我们对中国海洋战略发展和走向作了分析，指出中国海洋战略发展的愿景是和平崛起，各国共享世界海洋空间一起发展，相互带来正面而非负面的外溢效应，平等相待，互学互鉴，兼收并蓄，推动人类文明实现创造性发展。

这样的叙事架构，似乎可以体现主要内容，比较深入浅出地回答中国的海洋空间在哪里的问题，但是否能满足社会期待，在引导舆论、服务大局、传承文明上发挥作用，有待读者的检验，敬祈不吝指教。

杨国桢

2018 年 11 月 1 日于厦门

目　录

第一章

海洋资源空间概述

在历史长河中，中国人民的生存主体是立足于土地，面对恶劣的海洋环境，人们往往是望而却步，这种认知的长期积累形成了中国的“重陆轻海”思想。而那些以海为生、搏击于惊涛骇浪中的沿海人民渐渐淡出了世人的视线，他们创造的文化日渐边缘，以致无人问津，其造成的可怕后果就是对海的无限陌生。今天当我们猛然意识到海洋的重要，要建设“海洋强国”时，却发现许多东西都没有准备，缺乏国民的海洋意识，缺乏海洋开发的理论体系，缺乏海洋开发的人才与科技，所以当前我们亟须开展对海洋的研究。

“海洋是人类的第二生存空间”，而资源是其中的根本保障，因此海洋资源空间是探讨“海洋空间”的重要内容。当前人们对“海洋资源空间”存在诸多误解与短视之见，认为开拓海洋资源空间仅是为了缓解陆地的生存发展压力，诚然，这是目前开发海洋资源空间的急迫目的，但这绝不是根本目的，如何在高视野下构建海洋资源空间研究的框架是本书的首要任务。此外，部分学者对海洋资源空间的研究，完全割裂了资源与空间的联系，或谈资源，或说空间，鲜见将二者统一起来研究，因此本章将论及资源和空间的关系以及海洋资源空间的构成要素。最后结合中国的国情，阐述中国海洋资源空间的研究意义。

海洋资源空间的内涵

一、资源空间概念、特征及其影响要素

资源是人类生存和发展的基础，容纳资源之载体即称之为资源空间。资源客观存在于宇宙之中，因此宇宙可谓为资源不变与永恒之空间。然而，从人类的角度而言，我们还远未具备完全认识与利用宇宙资源的能力，为此，除宇宙资源空间外，还存在一个人类认识和利用资源的空间。这个空间处于不断运动和变化之中，它具有伸缩的特征，其伸缩性与人类认识和利用的资源量息息相关，资源量越多，资源的空间就越大，反之亦然。

本书探讨的资源空间即为上述具伸缩特征的空间，影响其伸缩的因素主要有四个方面。

一是从资源量的来源看，它取决于人类的智慧，只有随着认知水平的提高，克服困难能力的提升，人类方能发现更多的资源，开拓更大的资源空间。这可从人类开发资源的历史中得到印证，由于海洋与太空的开发总体上较陆地困难，所以一直以来人类都是以开发陆地资源空间为主，但是在人类认知水平不断提升的过程中，人类也加大加深了对海洋资源空间的开发，乃至太空空间。从陆地到海洋、到太空，是一个由易至难的过程，是人类认知水平不断提高而探索资源空间的一个自然走向。

二是资源的消耗量，消耗量的大小直接影响着资源的存量，进而影响人类生存和发展的资源空间。自然资源可分成耗竭性资源和非耗竭性资源，按是否可以更新或再生，又可将耗竭性资源分为再生性资源和非再生性资源。如果人类过分消耗资源，那将导致资源更新的困难，甚至是资源枯竭，而当人类还需要依赖于这种逼近枯竭的资源生存和发展时，新的资源或是替代资源又尚未发现时，人类生存和发展的资源空间势必遭到挤压。因此，从资源消耗的方面而言，人类唯有优化资源的使用方式以提高资源的利用率，调整资源利用结构以节约资源的消耗量，方能维护支持人类长久发展的资源空间。

三是扩大资源空间的关键在于科技进步。无论是资源的探索与开发，还是节约资源消耗、提高资源利用率，都离不开科技力量的参与，科技是开拓未知资源空间的一把利器。

四是资源空间的生态与环境的可持续。资源与空间是一个有机的整体，二者密切相连，健康的生态与环境是资源持续更新的保证，如果空间生态遭到破坏，环境被污染，那将意味着资源失去赖以生存的机体，而后枯竭，甚至消亡。资源的存在与运动构成资源空间，失去资源也就没有所谓的资源空间。可见资源与资源、资源与资源空间构成了一个紧密联系的系统，生态与环境的好坏对资源空间的伸缩具有极大影响，保护生态与环境是拓宽资源空间的必然要求。

二、开拓海洋资源空间的必要性

人类生活的地球，陆地占其表面积 29%，海洋为 71%，二者不可截然分开，皆是地球的有机组成部分，共同构成相互关联的整体。一直以来，人类以开发陆地资源空间为主，这是囿于人类能力的限制，但是长期过度地依赖陆地，势必造成陆地资源空间的破坏，进而危及地球的整体。因此，为缓解陆地开发压力、争取恢复时间、维护地球的整体健康，开拓新的资源空间，进一步挖掘海洋资源空间就显得极其重要。从地球的整体健康以及人类长远发展的利益出发，这即是加大挖掘海洋资源空间的内在逻辑。

从当前的社会实际来看，我们面临着严峻的资源问题。进入20世纪以后，人类对自然资源的开发强度空前加大。仅以矿产资源为计，“自70年代以来，世界金属的消耗量几乎超过过去2000年间的总消耗量，近20年内对能源的开发利用量是过去100年间的3倍。目前陆上主要矿产资源的可开采年限大多在30~80年之内，而剩余石油、天然气和油页岩的开采年限也在40~100年之间，储量较为丰富的煤炭也仅够开采200年。”①与资源短缺相伴随的还有人口的不断膨胀以及因资源过度开采与消耗所带来的环境恶化，这些都威胁着人类的生存与发展，因此人类自然地把希望的目光投向辽阔的海洋。但是，我们决不可把过去以牺牲环境为代价的开发恶习带到海洋，如果人类只是因陆地资源空间破坏殆尽，需寻觅一块新地方维持生存、发展，并按旧的模式开发海洋，那么这种“陆地悲剧”必将在海洋重复上演。只有人类真正认识到保护生态环境对资源空间的作用，坚持开发与保护并举，我们才敢大声说：“海洋是人类的第二生存空间”，“21世纪是海洋世纪”。

三、海洋资源空间开发的巨大潜力

选择海洋作为开拓资源空间的重要对象，一方面是遵循人类开发资源所具备的知识与能力水平的自然走向，当前及未来较长一段时间，太空资源开发总体上比海洋困难，因此在力所能及的范围内，深化海洋资源空间开发实为务实之举。

另一方面，海洋蕴藏着巨大的潜在资源空间，这是进一步挖掘海洋资源的前提。例如自然界已经发现的92种元素中，有80多种在海洋中存在。固

① 陈学雷：《海洋资源开发与管理》，北京：科学出版社，2000年，第2页。

体矿产方面，根据现有资料，许多专家认为世界洋底蕴藏着大约 1 万亿～3 万亿吨锰结核资源量；据不完全统计，富钴结壳仅在西太平洋火山构造隆起带的潜在资源量就达到 10 亿吨以上；海底石油资源的总量将近 1350 亿吨，天然气 140 万亿立方米，约占世界油气总资源量的 40%。目前，海上油气开采总量约占全球油气开采量的 30%。海洋中还蕴藏着巨大的能量，海水机械能、海水热能和盐度差能等，可供开发利用的总量在 1500 亿千瓦以上，相当于目前世界发电总量的十几倍。海洋中还存活着 20 多万种生物，据推测，海洋初级生产力每年有 6000 亿吨，其中可供人类利用的鱼类、虾类、贝类和藻类等，每年有 6 亿吨。目前全世界每年捕捞量为 9000 万吨左右，海产品提供的蛋白质约占人类食用蛋白质总量的 22%。①

四、海洋资源空间的开发与问题

海洋丰富的资源以及辽阔的潜在资源空间是人类持续发展的重要出路，虽然目前对海洋的开发还存在种种困难，但是随着科技的进步，人类开发利用海洋的深度和广度都在日渐扩展。凭借自身能力以及海洋的巨大吸引力，20 世纪世界各国纷纷掀起了拓征海洋的热潮。美国为了大陆架石油资源，早在 1945 年就发布“杜鲁门公告”以扩大海洋管辖区，宣布美国对邻接其海岸，深度大约 200 米以内的海底海床和底土及其中蕴藏的石油资源拥有所有权和行使管辖权。“杜鲁门公告”公布后，很快引发了一连串的连锁反应，墨西哥随即发表声明，规定大陆架以水深 200 米为界，声称对在大陆架范围内的一切在现在和将来行使主权；1946 年到 1950 年，阿根廷、智利、秘鲁和萨尔瓦多也相继宣布了 200 海里管辖范围或 200 海里宽度领海，形成了一股席卷全球的扩大海洋区域的浪潮。直至 1982 年《联合国海洋法公约》的出台，各国海洋管辖区域才以国际法的形式确定下来。

与此同时，各个国家还制定了开发海洋的长远战略目标。美国在 1986 年制定的《全球海洋研究规划》中明确提出要加强对海洋的争夺，以便“在未来海洋开发中争国威”。英国政府于 1990 年 3 月在国内公布了海洋科学技术战略

① 陈学雷：《海洋资源开发与管理》，北京：科学出版社，2000 年，第 1 页。

报告，确定了6个具体的战略目标。20世纪80年代中期，日本编写的《面向21世纪海洋开发利用报告》认为：21世纪是海洋开发利用的新世纪，日本经济与社会的继续发展必须进一步强化海洋的开发。1997年日本制定了“海洋开发推进计划”，2008年3月批准了根据《海洋基本法》制定的《海洋基本计划》。韩国政府于2004年出台海洋政策文件《海洋与水产发展基本计划》，即“海洋韩国21”(Ocean Korea 21，OK21)，确定了将韩国建设成世界第五大海洋强国的目标。①

我们很高兴看到人类开发利用海洋资源空间能力的提升，以及对海洋开发的积极态势，但遗憾的是仅当前的海洋发展程度，已产生各种严重问题。例如为争夺海洋空间的支配权，许多国家关系恶化，乃至引发战争；此外侵占海洋公共资源空间，牺牲他国海洋资源权益的事例亦层出不穷。海洋不再风平浪静，它往往成为国际矛盾与冲突的火药桶。海洋开发还导致一系列的生态、环境问题。由于过度捕捞，在全球范围内海洋生物资源出现了不同程度的衰退；过分地填海造陆致使多地海岸带生态系统受到破坏；海洋石油开采生产中的溢油、漏油等事故造成的石油污染时有发生；海洋倾倒与陆地污染排放都构成了环境破坏的因素；核放射性废水的流入，核废料的填埋对海洋更是造成长久性的环境隐患。

如果放任海洋资源开发利用中产生的问题继续蔓延，必将与拓宽海洋资源空间的初衷相违背，维持人类持续生存与发展的梦想也终难实现。所以探讨海洋资源空间，首先必须牢记加大开发海洋资源空间的根本目的，而后再去讨论海洋资源的潜在空间、海洋资源空间的开发与保护。

海洋资源空间的研究对象

资源空间的大小以资源量来权衡，因此可以按资源的种类对海洋资源空间做分解研究。所谓资源，广义而言是指“人类生存发展和享受所需要的一切

---

① 国家海洋局海洋发展战略研究所课题组：《中国海洋发展报告(2011)》，北京：海洋出版社，2011年，第40页。

物质和非物质要素，也就是说，在自然界和人类社会中，一切有用的事物都是资源”[1]，可分为自然资源和人文资源。按此逻辑，海洋资源亦即包含海洋自然资源与海洋人文资源。那么，海洋资源空间的研究对象也就由海洋自然资源空间和海洋人文资源空间构成。

一、海洋地理资源空间

海洋自然资源空间，首先要提及海洋地理资源空间。它着眼于海洋地理空间，探讨地理空间各个面向的利用以及发展潜力。换言之，海洋地理资源是指可供人类利用的海洋立体空间，“不再只是平面的，而是立体的，包括海域周边的沿海地带、海中的水体、海中的岛屿、海下的底土以及海上的天空”。[2] 从平面看，海洋表面积广达 3.61 亿平方千米，在垂向上，有平均 3800 米深的水体空间，另外还有海底、海岸带、海洋上空，如此辽阔的海洋空间资源无疑是 21 世纪人类社会生存和发展的广阔天地。

我们可以从海岸与海岛空间资源、海面空间资源、海洋水层空间资源、海底空间资源等几个方面来探讨海洋地理资源空间。海岸是海洋与陆地的交汇地带，海岛是海洋中露出水面的陆地或是低潮位时显露的岛礁，海岸与海岛空间资源包括港口、海滩、潮滩、湿地等，可用于运输、工农业、城镇、旅游、科教、海洋公园等。海面空间资源是国际、国内海运通道，亦可建设海上人工岛、海上机场、工厂和城市，同时还可作为广阔的军事实验演习场所、海上旅游和体育运动场地等。海洋水层空间资源，可作为潜艇和其他民用水下交通工具运行空间，发展水层观光旅游、体育运动和人工渔场等。海底可开凿隧道，铺设通信线缆、运输管道，或用于倾废场所，建设海底城市等。

当前，海洋地理资源空间除了用于传统的海洋运输、港口码头外，随着现代高新技术的发展，更为人类提供了新的生产、生活空间，诸如海上人工岛、海上工厂、海上城市、海上桥梁、海上机场、海上油库、海底隧道、海

---

① 辛仁臣等：《海洋资源》，北京：化学工业出版社，2013 年，第 3 页。
② 杨国桢：《关于中国海洋史研究的理论思考》，载《海洋文化学刊》，2009 年第 7 期，第5 页。

底通信和电力电缆、海底输油气管道、海洋公园以及海洋合理倾废场所等正在飞速发展。

二、海洋物质资源空间

海洋物质资源就是海洋中一切有用的物质，包括海水本身及溶解于其中的各种化学物质，沉积、蕴藏于海底的各种矿物资源以及生活在海洋中的各种生物体。海洋物质资源空间包括海洋生物资源空间、海水及海洋矿产资源空间。

海洋生物是海洋中的生命物质，它与海洋中的无生命物质共同构成自然的海洋。海洋生物有微生物、植物、动物等，它们的生存与进化深受海洋环境的影响，同时它们本身也是海洋环境的一部分，海洋生物的变化同样会影响到海洋环境。因此，不同的海洋环境，海洋生物资源具有空间分布的差异。从人类利用海洋生物的角度而言，海洋生物资源有着特殊的重要地位。海洋生物资源丰富多样，全球海洋生物物种总计可能有 100 万种，其中 25 万种是人类已知的，它们满足了人类多方面的需求，不仅可以弥补人类食物资源的不足，还能制作多种高效、特效药物，还提供大量的工业、化工原材料。随着人类资源开发能力的提升，我们对海洋生物资源空间的利用程度也在不断扩大。

人们对海洋最直接的认识就是“巨大的水体”，的确，海洋中的水量是惊人的，海水总量多达 1338 万亿立方米，占地球水圈总水量的 96.5%。海水同样是人类获取资源的重要来源。海水可直接作为工业冷却水，或是用于耐盐作物灌溉，或是经淡化处理后作为饮用水。巨大的海水储量是人类解决水危机的希望，目前世界大部分国家都进行海水淡化技术开发研究，其中科威特、沙特阿拉伯、日本等都把海水淡化作为解决淡水不足的主要办法。海水中溶解有近 80 种元素，陆地上的天然元素在海水中不仅几乎都存在，而且有 17 种元素是陆地所稀少的。对海水中溶解物质资源的利用，除传统的制盐外，现代技术在卤元素、金属元素（钾、镁等）和核燃料铀、锂和氘等方面已取得了很大进展。

海洋矿产资源有油气资源、滨海砂矿、海底煤矿、大洋多金属结核和海底热液矿床等，它是当前开发利用最为重要的海洋资源，尤其是海洋油气资源，其产值已占世界海洋开发产值的70%以上。大洋多金属结核是海洋矿产资源的潜在宝库，据统计，世界大洋多金属结核的总储量高达3万亿吨，其中一些如锰、镍、铜、钴等主要有用金属的含量是地壳中平均含量的300倍，它们将可能成为21世纪这些金属的主要来源。

三、海洋能资源空间

海洋能源是蕴藏于海水中的能量，其来源是海水对太阳辐射能的直接和间接吸收以及天体对地球和海水的引力随时空发生周期性变化而产生势能，使得海洋水体产生温度、盐度差异、潮汐运动、波浪运动、海流运动。因而海洋能包括了海水温差能、海水盐度差能、潮汐能、波浪能和海流潮流能等多种形式。从上述定义可以看出，海洋能是在自然条件的作用下，使海洋中的物质做功而产生，因此海洋能资源还是属于海洋自然资源的范畴。

海洋能资源储量丰富，世界海洋中潮汐能源的储量约为10亿千瓦，温差能约为20亿千瓦，海流能约50亿千瓦，盐差能约26亿千瓦。① 海洋能可通过技术手段，转换为电能，为人类服务。据估计，目前全球海洋能的理论发电量可达到每年10万太瓦·时(1太瓦·时= 10亿千瓦·时)，足够全人类的用电需求。海洋能源开发需要尖端科技，目前开发成本较高，使用范围还不大。但是，海洋能源具有可再生性、永恒性、分布广、数量大、无污染等优越性，它必将成为人类能源开发的重要空间。

四、海洋人文资源空间

杨国桢先生指出，海洋空间包括自然海洋空间与人文海洋空间两个不可分割的组成部分。所谓人文海洋空间是“以人文社会科学的角度讲，海洋空间是人类生存发展的第二空间，是人类以自然海洋空间为基点的行为模式、生产生活方式及交往方式施展的场域，是人类海洋性实践活动和文化创造的

① 朱晓东等：《海洋资源概论》，北京：高等教育出版社，2005年，第14-15页。

空间，是一个与大陆文明空间存在形式的农耕世界、游牧世界并存的文明空间”[①]。同样，海洋资源空间也包含海洋自然资源空间和海洋人文资源空间，这是因为海洋除了给人类提供自然资源外，还有人海活动中形成的人文资源，它包括人类开发利用海洋过程中创造的物质手段以及相关的制度、技术、教育、文学、艺术、风俗信仰等非物质形态。

海洋人文资源空间探讨的内容有二：首先是研究海洋人文资源的现状、开发利用价值以及其空间开发的潜力；其次是研究拓展海洋资源空间的人文要素。第一个内容的主体是阐发海洋文化资源空间，海洋文化资源是海洋人文资源的核心，我们要梳理出人类开发利用海洋过程中形成的各种类型的物质与非物质文化资源以及当前的开发现状与存在的问题，并进一步提出维护与拓宽海洋文化资源空间的措施，以维持人类的长远需求。第二个内容主要探讨开发海洋资源的主体——人的能力，以及开发手段——科学技术水平，此二者是海洋资源空间开拓关键的人文要素，有必要弄清当前的状况与改进的方向。

总之，海洋人文资源空间在人类对海洋认识更全面以及人类更高的生活需求下变得越来越重要。但是，综观目前海洋资源的研究成果，绝大部分都局限于海洋自然资源，海洋人文资源未受到应有的重视，本书认为二者要放置一起通盘考察。

21世纪中国海洋资源空间的研究意义

一、有助于推动中国加速开发海洋资源空间的步伐，为中国持续发展提供保障

中国是一个资源大国，资源总量巨大、种类齐全，众多资源储量都居世界各国前列。我们拥有960万平方千米的陆地面积，占世界有人居住土地面积的7.2%，居世界第三位；其中耕地和园地分别占世界总量的6.8%，居第

① 杨国桢：《关于中国海洋史研究的理论思考》，载《海洋文化学刊》，2009年第7期，第5页。

四位；森林和林地占3.4%，居第五位，草地占9%，居第二位。河川径流量占世界总量的5.6%，居第六位，可开发水力资源占16.7%，居第一位。高等植物和脊椎动物种数占世界总数的10%，鸟类约占15%，兽类约占8%，也居世界前列。矿产资源丰富，已探明的矿产资源量约占世界总量的12%，截至2010年年底，中国已发现了171种矿产资源，查明资源储量的有159种，在45种主要矿产中，有24种矿产名列世界前三位，其中钨、锡、稀土等12种矿产居世界第一位；煤、钒、钼、锂等7种矿产居世界第二位；汞、硫、磷等5种矿产居世界第三位。[①]

但是我国的人口数量多，若考虑到13亿多人口的巨大需求，资源相对量少，绝大多数都处于供应短缺的境地。中国人均土地面积0.7公顷，不到世界人均水平的1/3；人均耕地面积0.09公顷，为世界人均水平的1/3。2012年中国人均水资源量只有2100立方米，仅为世界人均水平的28%。人均矿产资源拥有量少，仅为世界人均的58%，列世界第53位。因此，按人均水平计算中国是一个资源小国，社会经济可持续发展的资源压力很大。

随着人口的增长与经济的发展，资源消耗与日俱增，过度开采、不合理开发、资源浪费等问题造成了日益严峻的资源供应形势。耕地资源有相当数量受到中、重度污染，大多不宜耕种；还有一定数量的耕地因开矿塌陷造成地表土层破坏、因地下水超采，已影响正常耕种。目前全国有约2/3的城市缺水，约1/4的城市严重缺水，到21世纪中叶，我国人口将增加到16亿多，届时人均水资源将不到1800立方米。在水量不足的同时，我国还面临水质性缺水，许多河流变成排污沟，水资源被人为污染而变得不能利用。矿产资源方面，石油、天然气、铁矿、锰矿、铬铁矿、铜矿、铝土矿、钾盐等重要矿产短缺或探明储量不足，这些重要矿产的消费对国外资源的依赖程度比较大，如2011年中国石油消费对进口的依赖程度已经达到57%[②]。

为促进中国的持续发展和缓解陆地资源空间的开发强度，中国亟须寻求、

---

① 中华人民共和国国土资源部：《中国矿产资源报告（2011）》，北京：地质出版社，2011年，第11页。

② 中华人民共和国国务院新闻办公室：《中国的能源政策（2012）》白皮书。

拓展新的资源空间。而我国海洋自然条件优越、资源丰富，具有很大的开发潜力，是我国21世纪发展的第二空间。

我国海域辽阔，跨越热带、亚热带和温带，大陆海岸线长达18 000多千米，以及面积在500平方米以上的海岛7300多个，岛屿岸线14 000多千米；按照《联合国海洋法公约》的规定，中国还对广阔的大陆架和专属经济区行使主权权利和管辖权。海洋资源种类繁多，海洋生物、石油天然气、固体矿产、可再生能源、滨海旅游等资源丰富，开发潜力巨大。其中：海洋生物2万多种，海洋鱼类3000多种；海洋石油资源量约240亿吨，天然气资源量16万亿立方米；滨海砂矿资源储量31亿吨；海洋可再生能源理论蕴藏量6.3亿千瓦；滨海旅游景点1500多处；深水岸线400多千米，深水港址60多处。因此，中国作为一个发展中的沿海大国，国民经济要持续发展，必须把海洋开发作为一项长期的战略任务。

二、有助于认清开发中的问题、不足，进一步明确开发、管理、保护的重要性

中华人民共和国成立后，面对严峻的国际形势，我国的海洋事业着重在于海防建设与海洋科考调查，而海洋的整体发展规划制定的比较晚。先是在1978年提出“查清中国海、进军三大洋、登上南极洲”的海洋科技发展战略计划，20世纪80年代开始区域规划的工作，直至90年代各种全局性的海洋规划才相继制定。诸如《全国海洋开发规划》(1995年)、《中国海洋21世纪议程》(1996年)、《中国海洋事业的发展》(1998年)、《全国海洋经济发展规划纲要》(2003年)、《国家海洋事业发展规划》(2008年)、《全国海洋经济发展“十三五”规划》(2017年)等。

在全局的战略部署下，我国海洋资源空间的开发力度逐年增强，海洋经济总量持续快速增长。“十二五”期间，我国海洋经济年均增长8.1%。2015年海洋经济总量接近6.5万亿元，比“十一五”期末增长了65.5%。海洋生产总值占国内生产总值比重达9.4%。涉海就业人员3589万人，较“十一五”期末增加239万人。海洋经济已经成为拉动国民经济发展的有力引擎。随着海

洋技术创新取得新突破以及重大海洋基础设施建设的快速发展，海洋资源空间的开发深度与广度都得到进一步拓展。诸如海上风能发电技术进入商业化运行阶段，潮流能、波浪能发电技术进入示范运行阶段，海水提取钾、溴、镁技术进入工业化试验阶段。

近几十年中国的海洋资源空间开发进步明显，成绩骄人。与此同时，我们也应清醒地看到开发中存在的诸多问题。

首先，不合理的开发、利用致使海洋环境污染严重。近些年海洋污染事故时有发生，据统计，2010 年我国海洋共发现赤潮 69 次，累计面积 10 892 平方千米。2010 年大连新港“7・16”油污染事件、2011 年渤海“蓬莱 19-3”油田溢油事故、2013 年青岛东黄输油管线爆燃事故的画面依然清晰可见。《2017 年中国海洋生态环境状况公报》显示，入海河流水质状况仍不容乐观，近岸局部海域污染依然严重，海洋环境风险依然突出。面积在 100 平方千米以上的 44 个大中型海湾中，20 个海湾全年四季均出现劣四类海水水质，典型海洋生态系统健康状况不佳。在枯水期、丰水期、平水期，多年连续监测的 55 条河流入海断面水质为劣五类的河流比例分别达 44%、42%和 36%，入海河流水质状况仍不容乐观。

其次，海洋生态日趋恶化，部分资源急剧萎缩。我国近岸海域海洋生态系统脆弱，从近岸典型海洋生态系统的监测来看，处于亚健康和不健康状态的海洋生态系统分别占 67%和 10%。其中突出的问题有珊瑚礁生态系统造礁珊瑚盖度总体有所下降、部分监测区域发现珊瑚礁白化，有些地方红树林的生长受到威胁，有的则是海草床不断退化。海洋生态环境的破坏以及过度捕捞还导致渔业资源严重衰退。

再次，海洋资源的开发及有效利用无论在思想认识上、技术装备上、经济效益上还是在科学管理上都还存在着较大的差距和不足，这已成为阻碍我国拓展海洋资源空间的制约因素。受海洋探采、提取技术及设备水平的限制，海洋产业尚未摆脱粗放型发展方式，我国海洋资源利用率不高，资源浪费严重。长期的“重陆轻海”思想压制了国民海洋意识的觉醒，现代海洋观念不强，适应海洋强国需要的创新型人才短缺。我国海洋的整体开发起步晚，因此在海洋管理及法制建设方面也存在许多漏洞。

海洋资源空间的拓展取决于开发能力、资源消耗与空间生态环境，明确当前海洋开发利用中的问题，是构建最优海洋资源空间的前提。

总之，开展中国海洋资源空间研究的内在意义在于中国的可持续发展，以准确认识中国开拓海洋资源空间的可能性与必要性，并深刻明确海洋生态环境保护、海洋观念与人才培养以及海洋科学管理的重要性。

第二章

中国海洋地理资源空间

我们生存的星球其实是个“水球”，海洋水体面积占主体，但因我们人类生活在陆地上而顺理成章地称之为“地球”。尽管如此，海洋孕育生命，人类与海洋依然有着一种密不可分的特殊关系，世界上绝大多数人口生活于滨海地域。随着人口的不断增多，社会经济的不断发展，以致陆地资源日趋减少，人地矛盾也日趋紧张，因此，人类必将不断地向海洋拓展自己的生存空间。

海洋是人类未来生存与发展重要的生存空间，海洋地理奥秘无穷，海洋资源潜力无限，有着不可想象的地理资源空间。广阔无垠的海洋，不仅蕴藏丰富多样的资源，而且海洋本身就是一种重要的资源，一个可供人类进行广泛开发利用的地理资源空间。浩瀚的海洋，是一个可供人类经略的广袤地理空间；富饶的海洋，是一个人类赖以生存与发展的重要资源依托。随着人类社会经济的高速发展，科学技术的高度进步，海洋地理资源空间将成为人类建造美好未来的重要保障。

海洋地理是指与海洋开发利用有关的海岸、海域与海岛的地理区域的总称，海洋地理资源是海洋资源的重要组成部分，既是一种自然资源，也是容纳其他海洋资源的空间载体，是指由海洋水体、海水包围的岛礁、海洋底土、水陆相交的大陆海岸带陆域、南北极的极地等组合的地理空间和生态系统。整个地球的面积为5.1亿平方千米，其中海洋面积为3.61亿平方千米，但是从古至今人类生活的主要空间依然在陆地上，因此，对海洋地理资源空间的利用还是非常有限，或者还处于刚刚开始起步阶段。随着人类社会加速发展，人口规模迅速扩大，陆地可开发利用的空间越来越狭小，日见拥挤，由海岸、海域与海岛组成的海洋地理资源空间必将成为人类未来生存发展的重要空间。而海洋骄人的辽阔海面、无比深厚的海底和潜力巨大的海中，也越来越令人关注。

中国海洋地理空间格局

中国海地处亚洲与大洋洲之间、连接太平洋与印度洋，成为中国可开发利用的海洋地理资源空间主体，自远古的新石器时代起中国海洋先民早已突破现今我国四大海域的空间界限，甚至在浩瀚的太平洋群岛上留下了活动的足迹。

一、近海空间

中国的近海空间一般指的是海洋领土，中国海洋领土主要包括了近海海域、海岸与海岛构成的多元合一空间结构，跨越近40个纬度地带，从冬季冰封的北黄海，到终年热带的南海。根据《联合国海洋法公约》规定，我国享有以下主要的海洋权利：首先是建立12海里领海和24海里毗连区的权利。沿海国对其领海、领海的上空、海床及底土享有等同于陆地领土的主权，在领海以外的毗连区，沿海国有权为防止和惩治在其领土或领海内违犯其海关、财政、移民或卫生的法律和规定的行为而行使必要的管制。其次是建立200海里的专属经济区，并享有作为其陆地领土自然延伸的大陆架的权利。在专属经济区和大陆架范围内，沿海国对其自然资源享有主权权利，对人工岛屿、设施和结构的建造和使用、对海洋科学研究、海洋环境的保护与保全等事项享有管辖权，并享有为此而采取一定措施的权利。

（一）中国海域

中国海域位居最大的大陆与最大的海洋之间，是东亚大陆与太平洋之间、太平洋与印度洋之间的缓冲地带和重要通道，海域辽阔，自东北向西南连串分布着不同的海域，深浅不一、大小各异。渤海是内海；黄海、东海与南海位居西太平洋岛弧内侧，属边缘海，周边分别与韩国、朝鲜、日本、越南、菲律宾、马来西亚、文莱以及泰国相邻；台湾岛以东直临太平洋，是我国唯一的外洋海域。中国海域范围可概括为“四海一洋”，面积约486万平方千米。[①]

1. 渤海

渤海是我国的内海，由辽东半岛和山东半岛所环绕。南北长470千米，东西宽285千米，水域面积77 360平方千米，平均深度18米，最大水深86米。渤海海域通常划分为辽东湾、渤海湾、莱州湾、中央海区和渤海海峡。辽东湾、渤海湾、莱州湾三湾为重要的避风泊船地，但海水不深，水下沙脊

---

① 王颖：《中国区域海洋学·海洋地貌学》，北京：海洋出版社，2012年。

发育，不利于大型船只航行。辽东湾位于渤海北部，长兴岛与秦皇岛连线以北，海底自湾顶及东西两侧向中央倾斜，最大水深 32 米位于湾口的中央部分。湾顶与辽河平原相连，沉积辽河带入的泥沙，沙质海滩外围常分布有与海岸平行的水下沙堤、河口三角洲、水下沙脊、水下浅滩。渤海湾位于渤海西部，为一向西凹入的弧形浅水海湾，厚达 3000 米以上的新生代沉积层仍处于下沉堆积过程，水下地形平缓，海湾水深一般小于 20 米。莱州湾位于渤海南部，海湾开阔，向中央盆地缓倾。水深大部分在 10 米以内，海湾西部最深处 18 米。近海海底有礁石突出，蓬莱沿岸以西有大片沙滩与沙嘴。渤海海峡位于辽东老铁山至山东蓬莱之间，宽 57 海里，庙岛群岛罗列其中，将海峡分为北部的老铁山水道、南部的庙岛海峡水道，庙岛群岛的岛距都不大，为理想的逐岛航渡环境。

2. 黄海

黄海位于中国大陆与朝鲜半岛之间，为一半封闭的浅海，全部在大陆架上。其西面和北面与我国大陆相接，东邻朝鲜半岛，西北与渤海沟通，南与东海相连，东面至济州海峡西侧，并经朝鲜海峡与日本海相通。南北长约 870 千米，东西宽约 556 千米，总面积 386 400 平方千米，平均深度 44 米，最深点位于济州岛北侧，深达 140 米。黄海海底地势较平坦，自西、北、东三面向中央及东南部倾斜。连云港海州湾以北的黄海北部，海底平缓开阔，深水轴线偏近朝鲜半岛，深度多为 60~80 米。东部坡陡、西部坡缓，交会处为一条轴向近南北的洼地，成为东海进入黄海的暖流通道。东西两侧沿岸均有水下阶地，深度不一。黄海南部与东海陆架前缘以弧形突出，面临冲绳海槽，大陆架宽度大、坡度小，有一系列小岩礁，如苏岩礁、鸭礁、虎皮礁等，它们与济州岛连成一条北东方向的岛礁线，是黄海与东海的天然分界线。

3. 东海

东海为西太平洋边缘海之一，呈扇形面向太平洋，西北接黄海，东北以济州岛东南端至日本长崎半岛连线与朝鲜海峡为界，东及东南以日本九州、琉球群岛及我国台湾岛连线与太平洋相接，南以福建与广东省交界处的南澳岛和台湾省南端的鹅銮鼻的连线为界。北宽南窄，东西宽约 740 千米，总面积约 770 000 平方千米，平均水深 370 米，最深处位于冲绳海槽西南端，最大水深 2940 米。2/3 的西部海域为宽阔的大陆架，往东则转为大陆坡，最终以冲绳海槽与琉球群岛岛架相隔。东海大陆架北宽南窄，海底向东南缓倾，大部分海域的水深为 60～140 米，外缘转折在 140～180 米深处，约以水深 50～60 米分为东、西两部分。西部岛屿林立，如舟山群岛，水下地形复杂坡陡，东部开阔平缓，仅在其东南边缘有台湾岛、钓鱼岛等。东海大陆架上保存着巨大的复式古三角洲、古海滨和长江古河道等，复式古三角洲底层是海州湾至杭州湾之间、东端至苏岩礁与虎皮礁一线的扇形古三角洲，中层为叠压其上苏北沿海古黄河三角洲，长江口还有面积较小的现代水下三角洲。长江口水下三角洲向外延伸一条西北至东南走向的长江古河道。东海东部为大陆坡与冲绳海槽，海槽呈北北东向的弧形，北部水深一般为 600～800 米，南部水深则为 2500 米，最大水深出现在台湾东北，超过 2719 米。

4. 南海

南海是西太平洋边缘海中面积最大的海盆，位于欧亚板块、印度-澳大利亚板块及太平洋板块的交汇处，四周依次为中南半岛、华南大陆、台湾岛、菲律宾群岛、加里曼丹岛等陆、岛环绕。东北部通台湾海峡，东部经巴士海峡与太平洋相连，南部经过卡里马塔海峡、加斯帕海峡与爪哇海相通，西南部通过马六甲海峡与印度洋相通。南海大体呈北东—西南向的菱形，长轴约 3140 千米，短轴约 1250 千米，面积约 350 万平方千米，相当于我国渤海、黄海以及东海面积的 2.8 倍，属我国传统海疆范围以内的海域面积约 187 万平方千米。南海平均水深 1212 米，马尼拉海沟南端最深点可达 5377 米，中央海盆深度大于 4000 米。海底地势大体呈西北高、东南低之势，海底地形从周边向中央倾斜，由外向内依次分布着大陆架（或岛架）、阶梯状下降的大陆坡（或岛坡）、中央海盆三大地形单元。

5. 台湾以东太平洋海域

台湾以东太平洋海域是指琉球群岛以南、巴士海峡以东的太平洋水域，北至日本琉球群岛南部的先岛群岛，南部则与巴士海峡及菲律宾的巴坦群岛相隔。面积约 105 200 平方千米，绝大部分水深大于 4000 米，最大水深为

7881米，位于琉球海沟。海底地势自台湾东岸向太平洋海盆呈急剧倾斜的趋势，40千米范围内地形降至4000米以下，海底地形直接由岛坡向深海平原过渡，无海沟存在。

（二）海岸

海岸即我国沿海18 000千米的海岸线及其连接的沿海一带，是海洋与陆地的相交处，是人类从事海洋一切活动的策源地与终点站，是海洋空间资源得以拓展的重要依托。在这一漫长的海岸地带，因地质地貌、纬度气候、河流水系、资源环境等因素形成的南北差异，使得海岸的景色千姿百态，类型多样。基岩海岸，沿海陆地山脉或丘陵延伸至海构成，坚硬的岩石，陡峭的地形，曲折的海岸线，这在我国分布较广，如辽东半岛、山东半岛及浙江、福建、台湾等沿岸均有分布。沙质海岸，松散细粒的沙质堆积而成，比较平坦，我国的苏北海岸多有分布。淤泥海岸，潮汐作用强烈，涨潮时被淹没，退潮时露出滩涂，渤海湾就是一个典型。三角洲海岸，河海相互作用，近海河口不断堆积固体物质，露出海面成陆地，形成了三角洲海岸，我国的长江三角洲、黄河三角洲是其典型。红树林海岸，海岸生长一种热带、亚热带广泛分布的植物群落红树，涨潮时红树木可被淹没，退潮时则成片覆盖在海滩上，福建、广东、广西等省（区）海岸均有分布。

1. 中国北部海岸

海岸类型较丰富，但以平原海岸为主。其中，基岩港湾海岸分布于胶东半岛、辽东半岛、庙岛群岛（即长山列岛），如大连、旅顺、烟台等处；沙砾质平原海岸分布于海湾内及河口地区，如辽宁省黄龙尾至小凌河口以西，六股河口及山海关沿岸，滦河三角洲平原沿岸以及莱州湾东部的太平湾沿岸；淤泥质平原海岸分布于渤海湾，黄河三角洲及莱州湾西部，岸线平直，坡度缓，潮间带宽阔。[①] 黄海、渤海海岸为暖温带亚湿润地区，水资源短缺，不利于沿岸地区农业生产。黄河三角洲位于渤海湾与莱州湾之间，是一个巨大的扇形三角洲，广阔的沿岸平原，也在平坦海底上造成巨大的圆弧形三角洲，其范

① 王颖：《中国区域海洋学·海洋地貌学》，北京：海洋出版社，2012年，第10页。

围北起大口河，南到小清河，前缘延伸到水深 15 米左右，农业生产条件较好。

2. 中国东部海岸

长江是东亚地区最长河流，以长江三角洲为中心的苏南至杭州湾沿海是我国南、北方经济文化体系的交接处，以东南沿海为中心的海洋文化发达区与以黄河中、下游为中心的陆地农耕文化发达区的交汇点。长江口南北两岸属亚热带湿润气候，四季分明，雨量充沛，而且平原广阔，湖泊众多，水网密布，土地肥沃，非常适宜农业生产。长江三角洲、钱塘江两岸平原是著名的鱼米之乡、丝绸之乡，为城市的经济发展提供了重要的腹地支撑。

3. 中国东南海岸

东南海岸以山地丘陵地貌为主，可耕地极为有限，浙南以“七山一水两分田”著称，闽中更是“八山一水一分田”，粮食作物仅限于若干狭小的河口平原和山间盆地。以珠江水系为中心，除了珠江、韩江等河流的三角洲、河谷平原盆地外，以山地丘陵地貌为特征，因耕地资源不是很丰富，粮食农耕经济并不是很发达。但是，南海海岸独特的生态条件，山地矿藏资源独特，尤其是丰富的高岭土与山地木柴资源，孕育了“山海经济”的特点，刺激了海洋经济的繁荣、发达。海湾及陆缘岛屿分布十分密集，基岩港湾、山海港湾、断崖海岸、平原沙质海岸交错分布。有台州湾、温州湾、三沙湾、罗源湾、福清湾、湄洲湾、大澳湾、东山湾、诏安湾、海门湾、广澳湾、碣石、大亚湾、广海湾、雷州湾、北部湾等中型海湾及众多小型海湾，发育有众多天然良港。本区属于亚热带到热带过渡气候，光热资源丰富，降水充沛，为各类经济作物提供了有利的条件，为海洋经济提供了独特的腹地资源。

（三）海岛

所谓海岛，是指四周被海包围，高潮时依旧露出海面的陆地，有“海上明珠”之美誉。海岛大小不一，形态各异，是海洋资源空间的宝库。中国是世界上海岛数量最多的国家之一，中国广阔的海域里，分布着各式各样的海岛，数目惊人，是一个名副其实的“万岛之国”。据统计，我国面积大于 500 平方米的海岛超过 7300 个，群岛和列岛有 50 多个，而面积小于 500 平方米的海岛，更是不计其数。在这些岛屿中有常住居民的有 460 多个，总人口近 4000

万人。中国的海岛分布在渤海、黄海、东海和南海四大海域之中，最北端的是辽宁省的小笔架山，最南端的是曾母暗沙，最东端的是台湾省钓鱼岛及其附属岛屿的赤尾屿。中国最大的两个岛分别是台湾岛和海南岛，都是省级行政建置。中国的海岛分布十分不均，渤海最少，东海最多，占到 66%，南海居第二，约占 25%，黄海居第三。若以省份而论，浙江省的岛屿数量最多，占 49%，福建次之，占 21%。[①]

渤海海域面积小，海岛数量最少，因地质构造形成了一系列岛屿，胶东半岛、辽东半岛之间的庙岛群岛等数量众多，其中面积大于 500 平方米的海岛 268 个，但是具有类型齐全的特点：基岩岛、河海交互堆积的沙岛以及激浪-潮流堆积的贝壳沙岛等。由于海域气候温和，雨量适中，因此生物种类多，人类活动开发早。

黄海海域西侧属于我国的海岛超过 500 个。其中，辽宁省岛屿居多，约 250 个，山东居次，包括介于黄渤海之间渤海海峡的岛屿约 230 个，而江苏未包括新近统计的辐射沙脊群岛屿为 20 个。众多的岛屿中，以小岛与无人岛居多，人居岛少，约为 60 个。

东海海岛数量最多，除台湾省所属的海岛外，东海西侧面积大于 500 平方米的海岛总数 4615 个，占全国海岛总数的 66%。但是随着海洋经济的发展，海岸带资源开发利用，海岛数量在减少。长江三角洲同属东亚新构造运动的大幅度沉降区，以广阔的淤泥平原为特征，长江年输沙量 4.7 亿吨，50% 堆积在水下三角洲，在长江入海口形成了崇明岛、长兴岛等冲积岛屿，并在进一步淤积之中。杭州湾湾口密集散布着大小岛、礁，如舟山群岛是我国第一大群岛，1 平方千米以上的岛屿 58 个，主要岛屿有舟山岛、岱山岛、衢山岛、朱家尖岛、六横岛、金塘岛等，相当于我国海岛总数的 20%。闽浙沿岸密集散布大量岛屿，星罗棋布，大多属于构造带切割的陆缘碎屑在海面的出露，如六横岛、大陈岛、洞头岛、马祖岛、平潭岛、金门岛、东山岛等大小岛礁 3000 多个，多以列岛形式群集，成为海洋社会经济发展的重要空间资源。

---

① 王颖：《中国区域海洋学·海洋地貌学》，北京：海洋出版社，2012 年。

台湾岛与澎湖列岛。台岛西岸为低平的沙质海岸，东岸为陡峭的断崖，周边散布近百个大小岛礁，澎湖列岛位于台湾海峡中央偏东，由大小64个岛屿组成，平均海拔17米，主要岛屿有澎湖岛、渔翁岛和白沙岛，为海峡交通的重要中转与接力站。三岛环抱而成的澎湖湾，是理想的避风锚地。

南海珊瑚礁群岛。南海海岭横亘、岛礁众多，可分四群：东沙群岛、西沙群岛、中沙群岛和南沙群岛。其中每一群岛又由岛、沙洲、暗礁、暗沙、暗滩、石(岩)及水道(门)等组成，如西沙群岛主要有永乐群岛、宣德群岛等，除高尖石岛为火山岛外，其余二十几座岛屿都是由珊瑚礁构成的低矮礁岛和暗礁。目前南海诸岛共定名群岛16座，岛屿35座，沙洲13座，暗礁113座，暗沙60座，暗滩31座，石(岩)6座，水道(门)13座，总计共287座。[①]

二、远洋空间

中国和世界上的海洋大国同样享有广阔的远洋地理资源空间，制定合理的海洋发展战略，积极开发利用远洋地理资源空间，对我国经济社会可持续发展和建设海洋强国都具有重大意义。《联合国海洋法公约》将总面积3.61亿平方千米的海洋划分为国家管辖海域、公海和国际海底三类区域，所谓的远洋空间主要是指公海和国际海底区域以及南北的极地构成的国际海域。根据《联合国海洋法公约》规定，中国在远洋空间享有以下主要的海洋权利：一是公海自由。在公海上享有航行自由、飞越自由、铺设海底电缆管道的自由、建造人工设施的自由、捕鱼自由及海洋科学研究的自由。二是开发和利用“国际海底区域”资源的权利。国家管辖范围以外的海床、洋底及其底土以及该区域的资源为人类的共同继承财产，一切权利属于全人类，有权开发和利用其资源，但部分所得收益应交由国际海底管理局公平分配给各个国家。三是从事海洋科学研究的权利。经沿海国同意，有权在沿海国管辖海域，尤其是专属经济区和大陆架进行海洋科学研究。四是在国际海上通道的航行权利。可以在外国的领海、专属经济区、用于国际航行的海峡、群岛国的群岛海道分别享有无害通过权和其他航行和飞越的权利。五是可以在一定条件下分享外

① 王颖：《中国区域海洋学·海洋地貌学》，北京：海洋出版社，2012年，第426页。

国专属经济区内的剩余捕捞量以及与有关国家平等地进行海洋划界谈判，并将国际海洋争端诉诸国际司法解决等的权利。

（一）公海

公海是全人类的共同财富，在国际法上，公海指各国内水、领海、群岛水域和专属经济区以外不受任何国家主权管辖和支配的海洋部分，供所有国家平等地共同使用。公海自由是长期以来形成的国际法原则，它是各国在公海活动的基本原则。围绕公海资源的争夺，已经成为新时期海洋竞争的重要特点，成为各个国家和地区的重点发展战略，备受关注。

1. 远洋渔场

捕鱼自由是最早的公海自由之一，各国享有在公海上捕鱼的权利。公海的渔业资源是极其丰富的，随着人类远洋渔业的不断发展，公海渔业在人类整个渔业生产活动中占到越来越重要的地位，公海也越来越突显出其重要意义。近年来，全球近海渔业资源已经处于过度开发状态，世界进入了争夺公海渔业资源的时代。

近海过度捕捞及渔业生态环境的恶化，使渔业资源严重衰退。中国著名的四大近海渔场——渤海渔场、舟山渔场、南海沿岸渔场和北部湾渔场，长久以来就是沿海渔民的主要生计来源，大海是他们的谋生之源，但是现在情形极不乐观，从辽宁到山东，再到广东和广西，沿海各地纷纷出现“近海无鱼可打”的尴尬，传统渔场已难以形成渔汛。在舟山，渔民捕捞越走越远；在海南，近海鱼类资源几近枯竭；在广西，已从北部湾传统渔场撤回的渔船越来越多。来自国内媒体的一份调查显示，仅重工业布局而言，从大西南出海口北部湾一直往北，“大码头、大化工、大钢铁、大电能”到处点火，广东、江苏、上海等地都在向石化工业区的目标大步迈进，中国近岸开发普遍过度，在地方短期利益驱动下，正在形成对岸线盲目抢占、低值利用的局面，沿海港口发展和临港工业基本都是靠围填海形成。这种多重掠夺式的发展，令渔民“失海”问题日益严重，面对近海生存空间的萎缩，中国渔民赴远洋捕捞成为突破的地理空间，以山东威海市为例，当地鼓励有条件的国营和民营捕捞企业到国外建立综合性远洋渔业基地，随着企业的发展，中国渔民的足迹逐渐深入到大西洋、太平洋、印度洋等地。渔业资源的流动性和洄游性，使得一些渔业资源成为共有资源，决定了远洋渔业的开发和保护必须要进行国际和区域间的密切合作。

在国家政策的大力支持下，我国远洋渔业发展迅速，远洋渔业作业海域已扩展到太平洋、印度洋、大西洋公海和南极海域，在公海建立了如北太平洋渔场、中西太平洋渔场和东南太平洋渔场，西南大西洋渔场、中大西洋渔场，南极磷虾探捕渔场和南海鸢乌贼渔场等远洋渔场，目前已经成为一个远洋渔业大国，为国家的经济发展做出了很大的贡献。据《2015—2020 年中国远洋渔船行业市场前瞻与投资战略规划分析报告》预测，到 2020 年，中国远洋渔业工业总产值有望超过 650 亿元，较 2015 年年复合增速为 20%。

2. 远洋航运

远洋航运是指使用船舶通过海上航道在不同国家和地区的港口之间运送货物的一种方式，即“国际海洋货物运输”，是国际物流中最主要的运输方式，占国际贸易总运量中的 2/3 以上，中国进出口货运也主要是依靠远洋航运。为了发展远洋航运，我国早在 1960 年就成立了中国远洋运输公司，并建立了我国自己的远洋船队；改革开放以后，1993 年又成立了中国远洋运输集团总公司，采取积极的对外开放和国际海运政策，大力拓展远洋航运空间。

随着中国经济的快速发展，中国远洋航运业已经进入世界海运竞争舞台的前列，成为世界上重要的海运大国之一。中国现有的主要远洋航线：地中海线——到地中海东部黎巴嫩的贝鲁特、的黎波里，以色列的海法、阿什杜德，叙利亚的拉塔基亚，地中海南部埃及的塞得港、亚历山大，突尼斯的突尼斯，阿尔及利亚的阿尔及尔、奥兰，地中海北部意大利的热那亚，法国的马赛，西班牙的巴塞罗那和塞浦路斯的利马索尔等港；西北欧线——到比利时的安特卫普，荷兰的鹿特丹，德国的汉堡、不来梅，法国的勒阿弗尔，英国的伦敦、利物浦，丹麦的哥本哈根，挪威的奥斯陆，瑞典的斯德哥尔摩和哥德堡，芬兰的赫尔辛基等；美国加拿大线——包括加拿大西海岸港口温哥华，美国西岸港口西雅图、波特兰、旧金山、洛杉矶，加拿大东岸港口蒙特利尔、多伦多，美国东岸港口纽约、波士顿、费城、巴尔的摩、波特兰和美国墨西哥湾港口的莫比尔、新奥尔良、休斯敦等港口；南美洲西岸线——到秘鲁的卡亚俄，智利的阿里卡、伊基克、瓦尔帕莱索、安托法加斯塔等港。

(二) 国际海底

国际海底是指国家管辖范围以外的海底和洋底及其底土，即各国专属经济区和大陆架以外的深海海底及其底土，国际海底区域面积约 2.517 亿平方千米，占地球表面积将近一半，这一广阔的区域内蕴藏着丰富的、可以被人类利用的物质与能量，已被公认为 21 世纪极具有商业开发前景的地理资源空间。国际海底区域及其资源是人类的共同继承财产，对区域内资源的一切权利属于由国际海底管理局代表的全人类，在国际海底区域内应为全人类的福利进行开发活动。《联合国海洋法公约》规定了平行开发制度，即国际海底的勘探和开发一方面由代表全人类的国际海底管理局通过其企业部进行，同时也由缔约国或国家实体，或在国家担保下具有缔约国国籍的自然人或法人与管理局以协作方式进行。

国际海底拥有丰富的矿产资源，以多金属结核、多金属硫化物和富钴铁锰结核为主。深海海底之下 30 米的泥土是 8600 万年前沉积的，海底深处蕴藏着种类繁多、有待认知和开发的大量矿物资源。据估计，大洋海底多金属结核总资源量约 3 万亿吨，有商业开采潜力的达 750 亿吨；海底富钴结壳中钴资源量约为 10 亿吨；深海新发现了大量的稀土资源，仅太平洋深海沉积物中稀土资源量就达 880 亿吨。中国是世界上第五个登记注册为国际海底先驱投资者的国家，在西太平洋、西南印度洋脊、东太平洋 CC 区拥有多金属结核、多金属硫化物、富钴铁锰结壳等矿种的 4 个矿区，面积总计 16.1 万平方千米。[①] 2014 年“深海采矿工程”被中央财经领导小组和国家发改委遴选为“事关我国未来发展的重大科技项目”中九个重大工程之一，突显国际海底资源开发的重要性。

深海资源已成为国际社会关注的新焦点。近年来，全球重大的油气发现全部来自深水，专家们预计，未来全球油气需求的 40%将取自深海区，深海已经成为世界油气储产量的重要接替区。其中天然气水合物(俗称“可燃冰”)

---

① 张涛：《聚焦国际海底矿产资源开发规章的研究和建立》，载《中国国土资源报》，2017 年 5 月 18 日。

的勘探和开发引起越来越多国家的重视，有科学家提出，仅仅是海底的可燃冰储量，就足够人类使用1000年。在深海勘查方面，中国已拥有多波束测深系统、深海拖曳观测系统、6000米水下自治机器人等勘查手段；在深海开采技术方面，中国大洋协会已展开了1000米深海多金属结核采矿海试系统的研制工作；在能力建设方面，我国于2002年已完成对“大洋一号”科考船的现代化改装工作；在国际海底区域制度方面已取得了一定的成就。2016年颁布的《中华人民共和国深海海底区域资源勘探开发法》指出深海海底区域资源是人类的共同财富，中国公民、法人或者其他组织要积极参与深海海底区域资源勘探、开发利用活动，这意味着我国踏上了进一步规范深海海底区域资源勘探、开发活动的新征程。

（三）南、北极地

南、北极地丰富的自然资源，在资源潜力的驱动下，正成为世界众多国家追逐的“热土”，将是21世纪重要的资源尤其是能源基地。近些年来，随着南、北极地的石油、天然气、煤、铁等资源的进一步发现和开采，各国对南、北极地领域和管辖区划分与资源开发的争夺战愈演愈烈，一场潜在的“资源争夺战”正在悄悄浮出水面。

北冰洋是人类共同遗产，各国有权自由进入北极。北极具有丰富的资源，大部分常年被冰层覆盖。据2008年美国地质调查局（USGS）调查估计，世界上13%的未发现石油、30%的未发现天然气和20%的未发现液态天然气都在北极地区。北极地区石油和天然气蕴藏量占全球石油和天然气蕴藏量的20%和30%，煤储量1万亿吨，占全球煤储量的1/4。北极地区还蕴藏大量金、银、金刚石、镍、铅、锌、钴和铜等贵重和战略性矿物资源。2016年10月中国开始了北极地区的海洋资源勘探活动，中海油最先进的12缆物探船“海洋石油720”完成了北极巴伦支海两个区块的勘探作业，填补了中国对北极海域实施三维地震勘探的空白。2018年1月26日国务院新闻办公室发表《中国的北极政策》白皮书，这是中国首份北极政策文件，提出中国要依法合理利用北极资源，涵盖北极航道、油气和矿产等非生物资源、渔业等生物资源和旅游资源的开发、养护、利用等，如“中国愿依托北极航道的开发利用，与各方共建‘冰上丝绸之路’”，“支持企业通过各种合作形式，在保护北极生态环境的前提下参与北极油气和矿产资源开发”。在全球化背景下，北极在航道、资源等方面的价值不断提升，中国应该尽快把北极地区纳入到自己的海洋资源空间发展战略中来。

南极地区蕴藏着较北极更为丰富的资源和能源，是一个地理资源“大仓库”。南极是一片被海洋包围的大陆，近1400万平方千米大陆面积的95%仍常年被冰雪覆盖，冰雪的平均厚度为2500米，是地球上至今唯一一个没有主权归属的领土、没有常住居民、潜在巨大的地理资源未被开发利用的独特地区。南极栖息着无数海洋生物，种类繁多，尤其是鲸、海豹、磷虾、鱼类和海鸟资源更为富饶；南极是世界最大的淡水库，仅南极大陆就储存了人类可用淡水的72%；南极有世界上最大的煤田，煤矿储藏量约为5000亿吨；南极有世界上最大的铁矿储藏区，有“南极铁山”之称；南极的石油资源极为丰富。以往中国开展的科学考察活动注重科学研究较多，比较忽略对南极资源的调查和开发利用的研究，因此应在制定中国的南极考察规划时，有针对性地加大对南极资源的开发与利用。

中国海洋地理资源空间

海洋地理资源空间，是地球物质资源最丰富的储存空间，也是货物与商品运输最广阔流通空间，蓝色海洋将是未来人类生存所需的食品生产基地、原料供应基地和生活空间。海洋沿岸是人类生活生产的最佳场所，全世界一半以上的人口居住在海岸地区，主要的大城市与工业资本集中在沿海地区，这是人类社会经济发展的重要地理资源空间。

我国是一个海洋大国，拥有巨大的海洋地理资源空间，大陆海岸线总长位居世界第四，大陆架200多万平方千米，按照国际法有关规定，我国主张管辖的海域面积达300万平方千米，随着人类利用海洋空间资源能力的不断提升，海洋地理资源空间也不断得到扩充。中国海洋地理资源作为交通、生活、生产、旅游和储藏等场所的重要空间，包括海洋运输、海洋工程、海洋港口、海洋仓库、滨海旅游、海上城市、海上机场、海上运动，等等。中国海洋地理资源空间类型大体上可分为：海岸资源空间、海岛资源空间、海上资源空间、海中资源空间、海底资源空间等。

一、海岸资源空间

(一)海岸多平原

我国地势西高东低，一系列大小河流水系大致自西向东注入大海，主要有辽河、海河、黄河、淮河、长江、闽江、九龙江、韩江、珠江等水系汇聚中国四大海域。海岸地势低平，向海缓缓倾斜的沿海地带，多位于河流的下游地区，多形成平原。中国最主要的黄淮海平原和长江中、下游平原，就直接与海相连，成为我们生产和生活最为重要的生存空间之一。

海岸平原自然条件十分优越，我国人口绝大部分分布在此，是我国经济最发达的地区。中国许多非常著名的城市就分布于海岸平原，如上海、天津、大连、青岛、南通、宁波、温州、厦门、福州、广州、深圳、珠海、汕头、北海等沿海城市。其中最为知名的当属繁荣的国际大都市上海了，上海地处长江入海口，东向东海，是中国国家中心城市。上海是中国的经济、交通、科技、工业、金融、贸易、会展和航运中心，上海港作为国际性港口，货物吞吐量和集装箱吞吐量均居世界第一。大连是辽宁沿海经济带的金融中心和航运物流中心，也是东北亚国际航运中心，东北地区最大的港口城市。青岛近年来提出“超大连，赶上海”的口号，有了国家政策优惠和自身的优势资源，青岛正成为中国北方第一大港。三亚是最适合人类居住的城市之一，并作为度假旅游胜地早已闻名遐迩。三亚拥有中国最好的海湾，宜人的气候，清新的空气，和煦的阳光，湛蓝的海水，柔和的沙滩，不仅成为集阳光、海水、沙滩、气候、森林、动物、温泉、岩洞、风情、田园十大旅游资源于一体的生态示范城，而且空气质量和环境质量达到世界一流水平。

(二)海岸多滩涂

滩涂一般指海岸滩涂，国土资源管理部门将沿海滩涂界定为沿海大潮高潮位与低潮位之间的潮浸地带，即滩涂是海岸带上涨潮时被海水淹没，退潮时又露出海面的陆地，滩涂既属于土地，又属于海域。我国滩涂总面积为21 704平方千米，分布不均，主要分布在辽宁、山东、江苏、浙江、福建、台湾、广东、广西和海南的海岸地带。

海岸滩涂是一种重要的海洋空间资源，处于动态变化中的海陆过渡地带，是重要的后备土地资源，全国海岸带滩涂新淤涨的土地每年达30多平方千米，被人们称之为“共和国最年轻的国土”。海岸滩涂区位条件好，开发潜力大。向陆发展，可以围垦造田，扩大耕地面积，成为农牧渔业畜产地；向海发展，可以发展水产养殖等海洋产业，产量颇高，经济效应较好。滩涂的空间资源丰富，用途多样：可以开辟盐田，是发展盐化工原料基地的最好场所，如黄渤海海岸滩涂，滩涂宽平，蒸发量大，是晒盐的良好场所；可以围涂造地，既可增加居住空间，又可增加耕地面积，如黄河三角洲、长江三角洲、珠江三角洲等都不同程度地进行过围涂造地，黄河三角洲处于河流、海洋与陆地的交接带，即处于渤海之滨的黄河入海口，为全国最大的三角洲。黄河三角洲区域内土地后备资源丰富，拥有800多万亩[①]未利用土地，另有浅海面积近1500万亩，土地后备资源还在以每年1.5万亩的速度增加。同时，黄河三角洲是我国温带最广阔、最年轻的湿地，植被为原生性滨海湿地演替系列，多类生态系统交错分布，湿地生物资源丰富，可大规模发展生态种养殖业和发展生态旅游业。

（三）海岸多港口

海港是指沿海停泊船只的港口，是供船舶安全进出和停泊的运输枢纽，具有水陆联运设备和条件，是联系内陆腹地和海洋运输的一个天然界面，是船舶停泊、装卸货物、上下旅客、补充给养的场所。海港有军港、商港、渔港等类型。在漫长的中国海岸线上，许多城市因海港而快速崛起，成为对外开放的重要窗口，如大连、秦皇岛、烟台、青岛、连云港、上海、宁波、福州、厦门、广州、湛江、北海、海口等沿海城市。

海港作为重要的海洋交通基础设施，是实现外向型经济的窗口，为国家

---

① 亩为非法定计量单位。1亩≈667平方米。

经济建设和对外贸易的发展提供基础性支撑。进入21世纪，中国大陆主要港口在世界港口中已经占据重要地位，中国海港的发展势不可当，货物吞吐量和集装箱吞吐量不断增加，在世界港口的排名不断靠前，其集装箱吞吐量已连续多年位居世界第一，一些大港口年总吞吐量超过亿吨，上海港、深圳港、青岛港、天津港、广州港、厦门港、宁波港、大连港八个港口已进入集装箱港口世界五十强，为进一步拓展我国海岸资源空间发挥越来越大的作用。

(四)海岸多美景

中国的海岸城市多具备美丽的景观环境，这也非常适合开发海岸城市的旅游资源。由《中国国家地理》主办、全国34家媒体协办的“中国最美的地方”评选活动历时8个月，2005年10月23日中国最美的地方排行榜终于在北京发布，其中也评选出了“中国最美八大海岸”。

第一名海南亚龙湾，享有“天下第一湾”“东方夏威夷”之美誉，山清、水碧、沙白、石怪、洞幽，集海洋、沙滩、新鲜空气、阳光和绿色现代旅游五大要素于一体。亚龙湾具有优越的热带海洋性气候，全年长夏无冬，气候温和，阳光灿烂，海水清澈，终年可进行海水浴、日光浴、沙滩活动、潜水和多种水上运动。海湾背枕青山，面望南海，8千米长、百米宽的海滩，沙细如面，软如棉，白如雪。

第二名台湾野柳海岸，是一个细长的岬角，突出海面之上，由砂岩堆积而成，长期受海水侵蚀和风化作用影响，形成千奇百怪的海岸岩石，加上沿岸波涛汹涌，海滨岩礁风景更显得奇特壮丽。每当退潮之后，岸边会留下五颜六色的贝壳、海胆，配以美人蕉、龙舌兰、海芙蓉等海岸植物，蔚然成为一个天然的海滨公园。

第三名山东成山头海湾，位于山东省荣成市成山山脉最东端，故而得名成山头，是陆海交接处的最东端，最早看见海上日出的地方，所以被誉为“太阳启升的地方”，有“中国的好望角”之美誉。

第四名海南东寨港红树林，红树林是热带滨海泥滩上特有的常绿植物群落，涨潮时分，茂密的红树林被潮水淹没，只露出翠绿的树冠随波荡漾，成为壮观的“海上森林”。红树林是热带海岸的重要生态环境，能防浪护岸，又是鱼虾繁衍栖息的理想场所。

第五名河北昌黎黄金海岸，是国务院1990年9月30日批准建立的首批五个国家级海洋类型自然保护区之一。保护区的主要保护对象为沙丘、沙堤、潟湖、林带和海洋生物等构成的沙质海岸自然景观及所在海区生态环境和自然资源。这里的沙质海岸分布有40余列沙丘，最高处达44米，为全国海岸沙丘的最高峰。陡缓交错的沙丘，绵延无尽的沙滩和碧蓝的大海构成了国内独有、世界罕见的海洋大漠风光。

第六名香港维多利亚海湾，香港素有“东方明珠”之美称，是举世瞩目的美丽的海港城市。这里蓝天碧海，山峦秀丽，自然风光优美动人。维多利亚港湾地处香港岛与九龙半岛之间，港阔水深，自然条件得天独厚，是进入香港的门户，维多利亚港目前有72个供远洋轮船停靠的泊位，其中有43个可供长达183米的巨轮停泊。

第七名福建崇武海岸，崇武古城是我国现存最完整的花岗岩滨海石城，位于惠安崇武半岛上，是我国古代东南海疆的一座抗倭名城。崇武古城四面设门，东西二门筑有月城，城墙上有烽火台、瞭望台和置放铳炮的虚台，城墙有2~3层的跑马道，四城边各有一潭、一井和通向城外的涵沟。

第八名广东大鹏半岛海滩，地理环境独特，旅游资源丰富。大鹏镇依山傍海，海边融山光、水色、林涛、潮音、海风、征帆、鸟语、花香为一体，有如“蓬莱仙境”；陆上山峦起伏，峭壁林立，云雾缭绕，林密鸟众，草茂流清，好似“世外桃源”。

二、海岛资源空间

中国的海岛数量多，分布广，其形成类型有大陆岛、海洋岛和冲积岛三大类。中国93%的海岛属于大陆岛，具有丰富的自然和人文空间，最具代表性的是台湾岛、海南岛、金门岛等，在海岛空间资源中处于核心地位；冲积岛约占海岛总数的6%，土质肥沃，可开辟良田，发展海水养殖和旅游等行业；海洋岛数量少，可分为火山岛和珊瑚岛两种，火山岛分布于中国台湾海域，珊瑚岛主要分布于中国南海海域。中国有人常住的岛屿数量有限，仅为全国海岛总数的8%，这类岛一般面积较大，资源丰富。其他众多的海岛还有待开发，可见海岛空间资源的潜力十分巨大。

（一）海岛居住空间

人类很早就开始开发海岛，在中华数千年的历史长河中，也创造了独具特色的海岛文化，海岛四面开放，孕育了多种多样的文化类型。岛民与大海有着特殊关系，或亲近海洋，以海为生，或恐惧海难，望洋兴叹。不管怎样，生于岛长于岛的岛民，都深受海洋的影响，或多或少带点海岛的文化因子，成为海岛开发和海洋探索的先驱，率先在海岛上拓展海洋的居住空间。

海岛在多数人眼里是落后荒凉之地，其实不然，随着社会经济和科学技术的发展，海岛的开发越发强劲，现如今好多岛屿都已成为经济发达和人口众多的大都市，如厦门岛，是厦门第一大岛屿，是厦门经济特区的发祥地，厦门岛已然成为厦门市的经济、文化和政治中心。中国宝岛台湾经济更是发达，是亚洲四小龙之一。

（二）海岛生产空间

中国的海岛具有丰富的自然资源。如中国台湾岛，素有“宝岛”之称，因为台湾的森林资源、生物资源、渔业资源、水力资源等都很丰富。尤其生物资源，台湾地处亚热带，从平原、丘陵至高山，可以同时呈现出热带、温带和亚寒带的植物景观，因此，台湾岛被称为“天然植物园”。

海岛浅海滩涂广阔，为海洋水产的发展提供了良好的空间，中国近岛海域共有各类水产资源1500多种，主要经济鱼类70多种，著名的舟山渔场产量全国领先，面积约5.3万平方千米，是中国最大的渔场。海岸线漫长曲折多避风良港，构成巨大的海上交通网络，尤其是浙江、福建、海南的海岛水域非常适合建大型的港口和中转港口，如福建厦门为全国著名的天然深水良港，是重要的国际航运中心，正在建设的厦门东南国际航运中心地处厦门市海沧区，成为了继上海、天津、大连之后的第四个国际性航运中心，第一次跻身国家构建五大港口群建设的战略层面。中国的海盐产量世界第一，海岛自然条件对于海盐生产极为有利，丰富的海盐资源，良好的制盐条件，沿海岛屿成为重要的海盐产地之一，中国海岛发展盐业和盐化工业的潜力巨大，前景广阔。

(三)海岛旅游空间

海岛伫立于碧海蓝天，风光秀丽，气候宜人，岛礁奇异，具有非常广阔的旅游开发空间，再加上千姿百态的海岛风情，使得海岛更具迷人的色彩。我国沿海分布着众多岛屿，宛如碧海之中的一颗颗宝石，分外夺目，引人入胜，海岛已成为现代人旅游的重要目的地。由《中国国家地理》主办评选出的“中国最美十大海岛”，极大地促进了海岛旅游业的发展。

第一名西沙群岛，位于南海的西北部，海南岛东南方，是中国南海四大群岛之一，共有 22 个岛屿，主要岛屿有永兴岛、东岛、中建岛等。这里独具热带风情特色的岛屿风光：海水清澈幽蓝，潜入水中，能带你进入一个平生难得见到的神秘空间；海岛上热带植被茂盛，在浩瀚无垠的海面上，璀璨亮丽；那造型奇特、陡峭壮观的珊瑚礁林，像盛开的鲜花覆盖着整个海底，惹人喜爱。

第二名涠洲岛，位于广西北海市东南部，是中国最大的也是地质年龄最年轻的火山岛，是火山喷发堆凝而成的岛屿，有海蚀、海积及熔岩等景观，尤其南部的海蚀火山港湾更具特色，现在也是中国国家地质公园。涠洲岛四周海水碧蓝见底，海底活珊瑚瑰丽神奇；岛上植被茂密，风光秀美，景色迷人；气候温暖湿润，四季如春，富含负氧离子的空气清新宜人，故素有“大蓬莱”仙岛之称。

第三名南沙群岛，南沙群岛是中国南海诸岛四大群岛中位置最南、岛礁最多、散布最广的群岛，主要岛屿有太平岛、中业岛、南威岛、弹丸礁、郑和群礁、万安滩等，曾母暗沙是中国领土最南点。热带海岛风情，珊瑚千姿百态，海水晶莹剔透，海滩如玉，让人陶醉，流连忘返。

第四名澎湖列岛，位于台湾岛西部的台湾海峡中，都属火山岛，由玄武岩组成，环以珊瑚礁，以澎湖、渔翁、白沙三岛最大。澎湖之名系以澎湖最大的本岛与中屯、白沙、西屿三岛相衔似湖，外侧海水汹涌澎湃，湖内波平浪静，澄清如潮，故而得名，有着“台湾夏威夷”之称。澎湖列岛虽树木稀少，但处处可见仙人掌，成为一道亮丽的风景线。

第五名南麂列岛，位于浙江省平阳县东南海面，由52个岛屿组成，海洋风光秀丽，生态保持良好，是我国唯一的国家级海洋自然保护区，也是联合国教科文组织划定的世界生物圈保护区之一。南麂列岛是旅游、避暑、度假、疗养和尝海鲜、玩海水的胜地，漫长的贝壳沙海滩，海水清澈透明，奇礁怪石，有天然草坪，有水仙花岛和海鸥岛，引人入胜。

第六名庙岛群岛，位于辽东半岛和山东半岛之间的海峡，是被人们誉为“海上仙境”的美丽岛屿。庙岛群岛迷人的风景，吸引着无数游人前来旅游观光。这里有著名的奇特罕见的海市蜃楼，有各种海蚀地貌和海滩，更有迷人的海景和宜人的气候。

第七名普陀山岛，位于舟山境内莲花洋上，传为观音大士显化道场，素有“海天佛国”之称，是我国四大佛教名山之一，属全国首批确定的44个国家级风景名胜区。四面环海，风光旖旎，幽幻独特，被誉为“第一人间清净地”；山石林木、寺塔崖刻、梵音涛声，皆充满佛国神秘色彩；岛上树木丰茂，古樟遍野，鸟语花香，素有“海岛植物园”之称。普陀十二景，或险峻、或幽幻、或奇特，给人以无限遐想。

第八名大嵛山岛，位于福建霞浦东北海域，是闽东最大的列岛，由大嵛山、小嵛山、鸳鸯岛、银屿等11个大小岛屿组成。嵛山岛海域辽阔、气候宜人、景色秀丽，有“南国天山”的天湖山万亩草场、绝顶之上具有神秘色彩的大小天湖，福瑶列岛的自然景观已被国家建设部确定为国家级太姥山风景区四大景观之一。

第九名林进屿、南碇岛，是漳州滨海火山国家地质公园，是全国11个第一批获得国家级地质地貌公园称号的地点之一。林进屿火山地貌是由新生代陆地间断性多次火山喷发而形成的，有柱状节理玄武岩景观，有不同规模的古火山口无根火山气孔群景观和海蚀熔岩湖、熔岩洞景观等；南碇岛是由清一色的五角形或六角形石柱状玄武岩组成，数量有140万根之多，朝东北向扭动，形成一种风卷蹈海的韵律。这个岛是目前已知世界上最大最密集的玄武岩石柱群。

第十名海陵岛，位于中国广东省阳江市西南端的南海北部海域。海陵岛的风光独特，是广东较著名的度假胜地，享有“南方北戴河”和“东方夏威夷”之美称，被誉为一块未经雕琢的翡翠。海陵岛四面环海，以水碧、沙净和游海水、住海边、食海鲜、买海味的特色驰名中外。海陵岛四季分明，气候宜人，海鲜可谓物美价廉，是旅游度假的理想地方。

三、海上资源空间

海洋空间资源的巨大潜力，正被人类所重视。为了开发利用海洋空间资源，海岸线向海一侧的新建、改建、扩建工程，逐渐向海推进，海洋空间资源也随之而得以不断扩容，海洋空间资源的形态越发多样，在海上、海底和海水中进行了海洋生产、交通、娱乐、防护等生产和生活活动。

(一)海洋运输

海洋运输，是指以船舶为主要工具利用海洋空间资源从事海洋运输以及为海洋运输提供服务的活动，包括远洋旅客运输、沿海旅客运输、远洋货物运输、沿海货物运输、水上运输辅助活动、管道运输业、装卸搬运及其他运输服务活动。海洋运输具有连续性强、成本低廉的特点，适宜对各种笨重的大宗货物作远距离运输；但是海运速度慢，运输易腐食品需要辅助设备，航行受天气影响大。随着科学技术的快速发展，拥有无线电导航和全球定位系统的万吨级集装箱船和巨型油轮，可以选择最佳航线服务，不仅大大节省了航时，而且有效降低了海上风险。

中国正将海运发展作为国家战略推进，2014 年 9 月 3 日公布的《国务院关于促进海运业健康发展的若干意见》中首次明确提出促进海运业健康发展，到 2020 年基本建成安全、便捷、高效、经济、绿色和具有国际竞争力的现代化海运体系，海运服务贸易位居世界前列，国际竞争力明显提升。据中国交通运输部数据，目前中国海运船队运力规模达到 1.42 亿载重吨，约占世界海运船队总运力的 8%，居世界第四位，中国是航运大国、船员大国，但真正成为海洋强国和海运强国还有距离。为此提出 2020 年要“基本建成具有国际影响力的航运中心”。

1. 中国海运航线

近洋航线：港澳线——到香港、澳门地区；新马线——到新加坡、马来西亚的巴生港、槟城和马六甲等港；暹罗湾线——到越南海防，柬埔寨的磅逊和泰国的曼谷等港；科伦坡，孟加拉湾线——到斯里兰卡的科伦坡和缅甸的仰光，孟加拉的吉大港和印度东海岸的加尔各答等港；菲律宾线——到菲律宾的马尼拉港；印度尼西亚线——到爪哇岛的雅加达、三宝垄等；澳大利亚新西兰线——到澳大利亚的悉尼、墨尔本、布里斯班和新西兰的奥克兰、惠灵顿；巴布亚新几内亚线——到巴布亚新几内亚的莱城、莫尔兹比港等；日本线——到日本九州岛的门司和本州岛神户、大阪、名古屋、横滨和川崎等港口；韩国线——到釜山、仁川等港口；波斯湾线（阿拉伯湾线）——到巴基斯坦的卡拉奇、伊朗的阿巴斯、霍拉姆沙赫尔，伊拉克的巴士拉，科威特的科威特港，沙特阿拉伯的达曼。

2. 中国海运中心

中国海运中心主要分布于诸如上海、广州、青岛、大连、天津、厦门、宁波等沿海的重要城市。中国近年来积极建设“国际航运中心”，即以较大的港口城市为依托，逐渐形成发达的海运综合服务枢纽：保持香港国际航运中心地位，加强粤港合作，建设粤港国际航运中心；建设上海国际金融航运双中心；建设厦门海峡两岸国际航运中心；建设大连东北亚国际航运中心；建设青岛东北亚国际航运中心；建设北部湾国际航运中心；建设宁波-舟山国际航运中心；建设天津北方航运中心。中国集装箱吞吐量连续多年稳居世界第一、船队规模居世界第三、世界十大集装箱港口中国占七个，中国已然成为国际航运大国。《新华—波罗的海国际航运中心发展指数报告（2016）》显示，2016 年全球前十位的国际航运中心分别为新加坡、伦敦、香港、汉堡、鹿特丹、上海、纽约、迪拜、东京、雅典，我国广州、青岛、宁波-舟山、天津、深圳、厦门、大连等港口也跻身国际航运中心行列。[①]

（二）填海造陆

沿海地区人地矛盾激化，使人们将眼光投向大海，为满足区域发展需要、扩大陆域面积，沿海岸线进行了围海造地。荷兰人从 13 世纪就开始围海造

① 白庆虹：《我国多个港口跻身国际航运中心行列》，载《中国水运报》，2016 年 7 月 18 日。

陆，如今已有1/5的国土是从海中围起来的。日本是建设海上城市规模较大的国家之一，除已建成的神户人工岛外，日本还提出了再建700个人工岛的设想，计划新增国土面积1.15万平方千米。

围海造陆是缓解人多地少矛盾的重要途径，人工岛、海上城市、海上机场都是人们为了居住、生活、娱乐和从事工商业活动而建造的大面积的海上设施，将成为人类重要的生活和生产空间。浮在海面上的海上城市可供人们居住、购物、游乐等；海上机场则是山地滨海大城市修建大型航空港的最佳选择；人工岛的用途很广泛，如作为石油勘探开采基地和接待大型油轮的深水港等。

1. 海上人工岛

人工岛是在近岸浅海水域中人工建造的陆地，大多有栈桥或海底隧道与岸相连，人类利用现代海洋工程技术建造的海上生产和生活空间，一般是预先在近岸浅海水域修建周围护岸，再以砂石、泥土和废料填筑而成，可用于建造石油平台、深水港、飞机场、核电站、钢铁厂等进行海上作业或其他用途的场所。

沿海国家滨海一带人口密集、城市拥挤，使得进一步发展和建设新企业及公用设施受到很大限制，原有城市本身的居住、交通、噪声、水与空气污染等问题也很难解决。因此，兴建人工岛，改变或改善了上述难题，人工岛是利用海洋空间的方式之一。20世纪60年代开始，日本建造的现代人工岛最多，规模也最大，如神户人工岛海港和新大村海上飞机场；美国、荷兰等国也很重视发展人工岛；迪拜拥有一些全球最大的人工岛群，包括三个棕榈群岛项目、世界群岛及迪拜海岸，尤以迪拜海岸规模最大；以色列正在研究如何扩大疆域问题，前国家基础设施部长沙龙在特拉维夫提出了建设该国未来“宝岛”的计划，主要内容是，在沿岸一带水下不到10米处建设一批面积为1平方千米的人工岛。

中国第一个人工岛是河北省沧州市黄县岸外渤海上的人工岛，该人工岛是大港油田为勘探开采海洋石油而建造的。近年来，中国更加积极地利用海洋空间资源，兴建更多的海上人工岛。

珠澳口岸人工岛，作为港珠澳大桥的重要组成部分，建设总金额为18.35亿元的珠澳口岸人工岛填海工程于2009年12月15日开工建设。人工岛东西宽930~960米、南北长1930米，工程填海造地总面积近220万平方米。珠澳口岸人工岛是港珠澳大桥项目最早开工的工程项目，也是港珠澳大桥项目中填海面积最大的人工岛工程。2013年11月29日，珠澳口岸人工岛正式建成，一颗相当于近300个足球场大的“明珠”闪耀在拱北湾。2015年6月17日，港珠澳大桥珠海口岸工程建设誓师大会在珠澳口岸人工岛上举行，港珠澳大桥珠海口岸工程（I标段）项目已进入全面施工建设阶段。2018年10月24日，港珠澳大桥正式通车，珠海口岸与澳门口岸同岛设置，成为我国唯一同时连接香港和澳门特别行政区的口岸，成为珠澳新地标，将对珠海城市未来发展以及香港、澳门的发展具有重大战略意义。

福建双鱼岛，由国务院批准的首例经营性用海项目、目前中国内地最大的离岸式人工岛项目，位于漳州招商局经济技术开发区大磐浅滩，与厦门鼓浪屿遥相对望。双鱼岛项目总投资约35亿元，由招商局漳州开发区有限公司投资开发建设。2010年2月5日举行了项目开工典礼，双鱼岛项目顺利进入施工建设阶段，总计使用3337万立方米土石方完成填海造岛工程。截至2014年8月双鱼岛填海工程已基本完成，空中俯瞰碧海中双鱼环抱呈太极图形，半径为840米，形成岸线为12千米，总面积为2.2平方千米。历经4年开发建设，现已全面完成填海造地，进入市政配套建设阶段。作为国务院批准的首例经营性用海项目，未来，漳州开发区致力于将它打造成为以旅游度假、休闲体育、文化娱乐、商业居住为主的生态型岛屿。它的建成对于提升开发区城市品质，促进厦门湾旅游资源开发，加快厦门港南岸新城建设，将具有十分重要的意义。[①] 厦门是全国少有的适宜人居城市，又是风景文化旅游和海西重点中心城市。厦门的重点旅游区鼓浪屿，代表着历史；而与鼓浪屿咫尺之距的双鱼岛，代表着未来。开发规模宏大、功能设施齐全而又生态环保的双鱼岛，将是厦门湾旅游业的有益补充。双鱼岛旅游将融入到厦门成熟的旅

---

① 《11亿！双鱼岛市政工程开建》，载《厦门日报》，2014年10月24日。

游市场，大力拓展文化娱乐产业，吸引周边长短期度假客流，有利于促进区域旅游资源协调开发。

山东君子连理岛，该人工岛海域使用权2009年获国家批准，2010年列入山东省重点项目，2011年列入烟台市“双50工程”。这是一座由海阳市打造的离岸式人工岛，要填海2500亩，总投资30亿元，该岛建成后有望成为中国北方最大的离岸式人工岛。君子连理岛由东岛和西岛组成，也叫君子岛和淑女岛，中间由近百米的引桥相连，故名君子连理岛。君子连理岛位于海阳市2012年亚洲沙滩运动会比赛场地东南海域，主要规划了国内最大的室内体验式沙滩游泳场、国内最大的婚庆中心、国内大企业总部高端会所、地标性超五星酒店、500泊位的大规模游艇码头五大重点工程。君子连理岛项目建成后，将成为一个集休闲、旅游、度假、购物、餐饮、娱乐为一体的综合性商业旅游项目。届时，将被打造成我国北方最大的旅游综合性离岸式人工岛，它是海阳市掘金大海、发展蓝色经济的重要一环。君子连理岛建设之初就是围绕休闲旅游特色打造的，除了独具特色的垂钓、游艇外，还规划建设了室内游乐场，以填补海阳的空白。君子连理岛的建设参照的正是迪拜棕榈岛的建设模式，游客可以在自己的高端会所直接伸出渔竿垂钓，可以说，游客在这里能够拥有自己的海岸线。①

人工岛式填海逐渐成为海南省主导的填海造地用海方式。海南省各级政府审批的人工岛项目11个，涉及用海面积1845公顷。已完工的人工岛为海航西海岸人工岛、海口湾灯塔酒店人工岛、东郊椰林湾海上休闲度假中心人工岛、文昌市南海度假村人工岛、万宁日月湾综合旅游度假区人工岛。在建或待建的人工岛包括海口市千禧酒店填海工程人工岛、潭门渔港填海造地（人工岛）、三亚凤凰岛国际邮轮港二期、三亚市崖州中心渔港人工岛、儋州市白马井海花岛旅游综合体、海口东海岸如意岛。其中海口东海岸如意岛（716公顷）和儋州市白马井海花岛旅游综合体（783公顷）共占海南省人工岛总面积的81%。

① 《海阳将建中国北方最大离岸式人工岛》，载《烟台日报》，2012年12月24日。

2. 海上城市

海上城市是指在海上大面积建设的用来居住、生产、生活和文化娱乐的海上建筑。其实人类几年前就已开始认真地考虑修建海上城市。出现城市人口过多的问题时，任何海洋国家都对修建海上城市充满兴趣。但是海洋城也有其自身独特的优缺点，据海洋城的倡导者说：海洋城的优点很多，海洋空间资源丰富，可以根据需要继续扩大也毫无问题，可以开发利用无污染能源如太阳能、潮汐能、风能等，实现能源自给；但是修建海洋城也存在着许多问题，巨额开支、海洋生态系统受到干扰，海洋环境遭到破坏等一系列问题。

海上城市独具的魅力，引起各个海洋国家的浓厚兴趣。在日本神户市以南约 3 千米、水深 12 米的海洋上，日本人用了 15 年的时间，耗资 5300 亿日元，建成了一座长方形的海上城市，总面积为 436 万平方米。海上城市中有饭店、旅馆、商店、博物馆、室内游泳池、医院、学校以及 3 个公园，还有 6000 套住宅和一个休假娱乐场所。中国温州市靠山面海，土地资源奇缺，未来只能向海洋争取发展空间。温州市有海涂资源 95 万亩，规划围垦总面积 81.5 万亩，2020 年前规划围垦面积近 50 万亩，其中近期预计完成 20 万亩，远期促淤 31.5 万亩。这些围垦项目将为温州沿海产业带提供建设用地近 60 万亩，温州这座城市也将向东延伸至洞头列岛，城市规模扩大两倍，形成未来温州的海上新城。[①]

3. 海上机场

日本早在 1975 年就建造了长崎海上机场，日本的长崎机场、英国伦敦的第三机场是建在人工岛上，美国纽约拉瓜迪亚机场是用钢桩打入海底建立的桩基式海上机场，日本的关西机场则是漂浮式，如今世界上已先后建成了十多个海上机场。在中国，1995 年建成的珠海机场是我国的第一个海上机场。1995 年投入运营的澳门国际机场，是世界上第二个完全建在海中的离岸型机场。1998 年投入运营的香港国际机场，机场占地 1275 公顷，3/4 是填海而成，连接新机场与港九的青马大桥，跨海距离 1377 米，桥墩高达 196 米，

① 《温州：大规模填海造地　将建海上城市》，载“天涯论坛”，2011 年 5 月 15 日。

现已成为全球最繁忙的机场之一。

2012 年大连开始兴建大连金州湾国际机场，新机场采取离岸填海建造人工岛方式建设，拟规划填海造地面积 20.87 平方千米。填海区域呈长方形，长 6.54 千米，宽 3.5 千米，填海围堰总长 21 千米，离海岸最短距离为 4.5 千米。建成后能起降世界最大客机空客 A380，并成为世界最大的海上机场。[①] 2014 年大连兴建金州湾海上国际机场被媒体报道之后，引起了一系列的争论，受到国家和社会广泛关注。2014 年 9 月由国内媒体报道三亚市政府拟离岸填海建设新机场，新机场选址初定于三亚红塘湾区域的海域，位于天涯海角景区与南山景区之间。填海面积 28 平方千米，整体项目预计投资上千亿，相关方案已上报国家主管部门。如果项目成行，则三亚新机场将是我国第一个海上机场项目。消息发布后，在网络上引发巨大争议，大多数网友对此表示反对，但也有部分网友认为此举可以为三亚发展创造较大空间。[②]近年来中国兴建海上机场的新闻频出，引起了较大的反响和争论，受到关注，可见在海上兴建机场的空间巨大，可以节约大量土地资源，缓解日益紧张的城市建设用地，但应按相关规定做好用海工程环评工作，报有关部门审批。

四、海中资源空间

海水养殖是直接利用海中空间资源进行饲养和繁殖海产经济动植物的生产方式，是人类利用海洋生物资源、发展海洋水产业的重要途径之一。中国现在是世界上海水养殖发达的国家，无论从养殖面积和总产量均居世界首位。随着海洋经济的不断发展，人们利用海洋空间的方式也在变化，其中最主要的就是开始兴建海中人工渔场。

人工渔场，就是营造一个适合海洋生物生长与繁殖的栖息场所，并通过对水生生物放流或移植的方法，将生物种苗经驯化后放流入海，再由所吸引来的生物与人工放养的生物一起形成人工渔场，依靠一整套渔业设施，将各种海洋生物聚集在一起。主要工程是人工鱼礁，是人为在海中设置的构造物，

① 《大连耗数百亿填海造世界最大海上机场》，载“新华网”，2014 年 9 月 15 日。
② 《三亚拟投上千亿填海建中国首个海上机场引热议》，载“人民网・海南视窗”，2014 年 9 月 21 日。

能够为鱼虾等海洋生物提供繁殖、生长、索饵和庇敌的场所，增加了藻、贝类附着面积和栖息环境，使它们大量附着在礁体上生长，从而达到积聚鱼群和让渔业资源增殖的目的。人工鱼礁让过度开发的海域得以休养生息，衰减的渔业资源得到恢复，休闲渔业形成规模，促使海洋渔业产业结构趋向合理。在国际上，日本是人工鱼礁的倡导国家，其鱼礁建设早已被列为他们的国策，每年都为建设人工鱼礁投入大量的资金，现在人工鱼礁几乎遍布日本列岛沿海。我国沿海的人工鱼礁从 20 世纪 70 年代开始试验，经过曲折的发展过程，目前，辽宁、天津、河北、山东、江苏、浙江、福建、广东、海南、香港、台湾等沿海省区，都已经启动人工鱼礁的规划和建设。例如山东省先后在长岛建设一处国家级人工鱼礁示范区，在烟台市区豆卵岛、牟平养马岛建设两处省级人工鱼礁示范区；目前，已投放经严格清污的废旧船只 100 艘，投放混凝土预制件 8000 块，投石量达 56 万立方米，成礁面积 1 万亩，形成“万亩海洋牧场”。可以预见，未来人工鱼礁建设将在中国沿海蓬勃发展壮大起来。①

海中空间资源，还可以开发成为潜艇以及其他民用水下交通工具运行空间，发展海边浴场等海中运动和旅游活动。

五、海底资源空间

为逃离一个人口负荷过重的星球，在几十年后，我们可能潜入海底生活。到那时，海洋将成为人类生存的第二空间。在提到海洋城时，人们多会联想到用钢材和玻璃建成的海底住宅。尽管这是幻想，但不失为现代化的一大挑战。最雄心勃勃的计划是由日本一家研究机构提出的。该计划提议建一座半圆形海洋城市，能容纳 7 万居民，并且设施完善，有饭店、停车场、学校、公园、体育场、垃圾处理站以及水产养殖场，一应俱全。这一结构意味着 2000 亿美元的巨额开支，其深度接近海底，并靠重物支撑其稳固性。现在依然只是一个计划，但是在不久的将来可能就会实现。而现在利用海底空间资源的主要方式，即建海底隧道，在海底铺设油气管道和电光光缆等。

海底隧道，是在解决横跨海峡、海湾之间的交通，而又不妨碍船舶航运

① 《蓝色渔场的守护神：人工鱼礁和海底森林》，载“科普在线”，2010 年 10 月 15 日。

的条件下，建造在海下供人员及车辆通行的海底海洋建筑物。全世界已建成和计划建设的海底隧道有 20 多条，主要分布在日本、美国、西欧、中国香港九龙等地区。从工程规模和现代化程度上看，当今世界最有代表性的跨海隧道工程，莫过于英法海底隧道、青函隧道和日本对马海峡隧道，中国的厦门翔安隧道和青岛海底隧道。中国厦门翔安隧道是大陆第一条海底隧道，全长 8. 695 千米，隧道全长 6. 05 千米，隧道洞总长 5. 9 千米，海域段 4. 2 千米，最深处位于海平面下约 70 米，两个主洞分别宽 17. 2 米，双向六车道。2005 年 4 月 30 日正式动工，2010 年 4 月 26 日建成通车。青岛胶州湾隧道(又称胶州湾海底隧道)是国内长度第一、世界排名第三的海底隧道，隧道及其接线工程全长 9. 47 千米，其中隧道长度 7. 808 千米，隧道海域段长度 4. 095 千米，工程概算总投资为 70. 62 亿元。隧道工程于 2007 年 8 月正式开工，2011 年 6 月 30 日正式通车。正在建设中的厦门海沧海底隧道是大陆第三条海底隧道，全长 7. 075 千米，隧道长 6. 335 千米，海域段 2 千米，最深处位于海平面下约 72. 6 米，双向六车道。规划之中的厦漳泉城际轨道交通 R3 线过海铁路隧道厦漳海底隧道，构建本岛与漳州开发区快速跨海连接通道，总长 41. 2 千米，海域段 4. 5 千米，总投资 172. 49 亿元，延伸段对接漳州开发区。

海底管道，通过密闭的管道在海底连续地输送大量油气的管道，是目前最快捷、最安全和经济可靠的海上油气运输方式。海底管道铺设工期短，投产快，管理方便和操作费用低，可以连续输送，几乎不受环境条件的影响，故输油效率高，运油能力大。但是管道处于海底，多数埋设于海底土中一定深度，检查和维修困难，受风浪、潮流、冰凌等影响较大。

美好愿景：中国海洋地理资源空间的开发利用

当世界人口迅速增长，陆地空间显得越来越拥挤，海洋地理资源必将成为越来越令人关注的生存空间，随着人类逐步迈向海洋，海洋地理资源空间将成为人类活动的广阔舞台。因此，海洋地理资源空间充满魅力，寄托了许多人类的美好愿景。

一、开发中国海洋地理资源空间，建设海洋强国

21 世纪是海洋的世纪，人类正在进入一个大规模高科技开发海洋的新时期，各国将更多的资金和力量投向海洋地理资源空间，力求从海洋地理资源空间开发中获得国家长远发展的持续动力。当今世界，陆域资源、能源和空间的压力与日俱增，国际竞争正从陆地向海洋延伸。很多沿海国家把开发海洋地理资源空间列入国家发展战略，出台了各具特色的海洋空间开发计划，不断加大海洋地理资源空间开发力度。如美国、澳大利亚、日本、韩国、印度等国都在强化海洋地理资源空间开发的战略部署，加大资金的投入和高新技术的应用，以美、日为代表的发达国家已经建立了结构庞大的海洋产业群。因此，顺应全球海洋开发的历史潮流，党的十八大报告提出："提高海洋资源开发能力，发展海洋经济，保护海洋生态环境，坚决维护国家海洋权益，建设海洋强国。"习近平总书记在党的十九大报告中明确要求"坚持陆海统筹，加快建设海洋强国"，再一次吹响了"建设海洋强国"的号角。

"海洋强国"战略的提出具有重要的理论和现实意义，是实现中华民族伟大复兴和可持续发展并走向世界强国的必由之路，我国经济已发展成为高度依赖海洋的外向型经济，对海洋地理资源空间的依赖程度大幅提高。世界上众多城市和人口分布在沿海地区，大多数的发达城市也分布在沿海地区，海洋成为连接世界的大通道，海洋地理资源空间成为人类社会赖以生存和发展的重要保障。以大海为主要纽带，中国古代的海上丝绸之路与其他国家互联互通，如今，大部分经济活动集中在沿海，一半以上的对外贸易量依靠海运，一半左右的石油通过海上运输，海洋运输航线构成了全球经济一体化的大通道，为经济全球化和贸易自由化提供了有力支撑。基于此，中国沿海的改革开放开启了中国海洋经济发展的伟大事业，"21 世纪海上丝绸之路"建设推动中国通过海洋走向世界，实现海洋强国之梦。

《推动共建丝绸之路经济带和 21 世纪海上丝绸之路的愿景与行动》明确指

出要充分利用中国沿海地区的地理资源空间优势：利用长江三角洲、珠江三角洲、海峡西岸、环渤海等经济区开放程度高、经济实力强、辐射带动作用大的优势，加快推进中国自由贸易试验区建设，支持福建建设“21 世纪海上丝绸之路”核心区。充分发挥深圳前海、广州南沙、珠海横琴、福建平潭等开放合作区作用，深化与港澳台合作，打造粤港澳大湾区，推进浙江海洋经济发展示范区、福建海峡蓝色经济试验区和舟山群岛新区建设，加大海南国际旅游岛开发开放力度。

海洋交通运输的发展与“海洋强国”战略实施相辅相成，它是衡量一个国家是否成为海洋强国的重要指标之一。海洋交通运输具有连续性强、费用低等优点，长期以来，人类一直在努力将海洋屏障变为海上坦途。至今世界上 1/3 以上的国际贸易运量，中国 90%以上的进出口货运都是利用海洋交通运输实现的。因而，我们把海洋交通运输称为国家经济走向世界的桥梁纽带，但是，我们的海洋交通运输事业还远远不能适应经济发展，特别是外向型经济发展的需要，主要表现为我国码头泊位还严重不足，港口现有设备数量还很少，设施也陈旧落后。“海洋强国”战略必须抓好海洋交通运输这一重要节点，以外贸、能源运输为重点，扩大港口综合能力，更新技术设备，提高管理水平，建成现代化海上运输大通道。首先，要加强港口建设，发展海洋运输业需要“港口先行”。加强上海、天津、宁波-舟山、广州、深圳、湛江、汕头、青岛、烟台、大连、福州、厦门、泉州、海口、三亚等沿海城市港口建设，优化港口布局，拓展港口功能，集中精力和财力建设一批如上海、天津、大连、广州、厦门等国际航运中心、深水大港和大型集装箱码头。其次，要加强海运网络建设。以全国重点开放港口为基点，大力开发建设我国南北海上通道，还要充分利用世界大洋航线，巩固和发展与我国沿海港口的海运联系，要大力开发新航线，形成内接腹地、外连五洲的全球海运网。最后，要加强海运人才队伍建设，加大科技特别是高科技的投入。我们要努力建设一支高素质的海洋运输人才队伍，加强宣传和引导，提高全社会对海洋交通运输人才工作的关注度，引导全民关注海洋交通运输事业、形成尊重海运知识、重视海运人才的良好社会氛围。总而言之，只有让海洋交通运输业真正强大起来，才能增强我国的综合国力，才有能力参与国际竞争，才会使我国真正成为一个海洋强国。①

二、利用中国海洋地理资源空间，拓展生活空间

（一）拓展居住空间

随着全球变暖的趋势日益加剧，海平面的上升，人口的爆炸性增长，让城市不堪重负，居住空间日益稀缺。在这种情况下，人类将目光投向了广袤的海洋，寻求在海洋建造建筑的可能性。

将来，地球上会出现人类的第二个家园——完全利用海洋空间资源的海洋城市。在海洋世界的最深处有两台巨大的机器，一台是阳光处理器，另一台就是人们熟悉的海水淡化器。阳光处理器直接连着地面，吸收地面的阳光，再通过管道，传向各个水球底部的太阳能电池，然后转变成电能输送到水球顶部的能源灯。而海水淡化器则是直接吸收海水，进行淡化加工，再送往各大水球中。虽然海底世界的建设会十分艰难，但只要发挥我们的聪明才智和灵巧的双手，在不远的将来，入住海底城市决不会只是梦想。

2012年《中国国家地理》杂志刊登了一组照片名为《漂浮城市》，建筑师们设想了未来人类居住场所，由于海平面持续上升，很有可能未来的地球将是汪洋一片，那么漂浮在海上或是浸在海中的公寓将是人类栖息的主要场所。②下面是精选的几个设计方案。

“海上大厦”设计的是一座环保型海上城市，这是一个完全自给自足式的海上社区。用涡轮发电机利用深海海流驱动发电，用光伏设备利用太阳能发电，顶部的巨大凹陷用来收集雨水并让底层的区域也能拥有充足光照，饮用水来自海水淡化处理设施以及循环使用的雨水。它的基底部分可以充作一座人工珊瑚礁，而它在海上移动时翻起的深海营养物质也将为大量海洋生物提供丰富的养分。

---

① 薛忠义：《海洋交通运输发展是衡量海洋强国的重要指标》，载《中国水运报》，2013年3月22日。
② 《“漂浮城市”：我们未来的海洋之家（组图）》，载“凤凰网”，2012年8月31日。

"水大厦"由一座透明的穹顶大楼和稳定环组成，其主旨是设计一款类似管道般的水下居住社区和实验室，自然光可以从透明穹顶射入，而内部建造的沙滩、餐厅、小艇码头和一个潜水中心将可以满足那些追求奢华享受的居民和游客。

1998 年由瑞西·索瓦利用 25 万个塑料瓶建造了世界上首座漂浮的人工岛，目前他住在一座用 10 万个塑料瓶建成的漂浮岛上，岛上建有一座房子、海滩、两个池塘、一个太阳能瀑布。荷兰建筑师拉蒙·诺艾斯特更是雄心勃勃地提出了创建一座再生岛计划。这座再生岛可以在海上漂浮，将与欧胡岛一般大小，完全由太平洋大垃圾带的塑料垃圾制成。除了由回收塑料组成外，岛上也将完全实现自给自足，支持农业耕种，其动力来自太阳能和波浪能。当再生岛建成后，拉蒙希望该岛可居住 50 万人。

"睡莲生态城市"由比利时生态建筑师文森特·卡勒鲍特设计，这将是一座自给自足的漂浮城市，每座城市可容纳多达 5 万名气候变化难民。受到睡莲形状的启发，这些生态城市将由聚酯纤维制成，并建在一个潟湖周围。城市将有三座山和三个码头供居民工作、购物和娱乐。水位线以下有水产养殖场和悬浮的花园，城市的运行将完全依靠可再生能源。卡勒鲍特计划在 2100 年把睡莲生态城市变成现实。

世界上的许多海岸国家或者岛国，已经开始规划海上城市的建设。如摩纳哥为解决国内人口膨胀造成的用地增加问题，正计划在海上竖立柱子，以柱子为支撑，打造陆地平台，向地中海延伸 5 万多平方米的"陆地"，将建造海上城市，有超级游艇泊位、办公室、商店、工业建筑和高档公寓，这就是通过开发利用海洋空间资源来拓展生活空间的必然选择。荷兰鹿特丹是个低于海平面的城市，由于担心海平面上升城市被淹没，正在建立水上"浮动社区"，这是一个球状的空间，可以漂浮在水面上，里面有花园、街道、商店，市民在休闲的时候，整个球体是按照钢筋建造而成，但是球状体表面是透明的，阳光可从外面照射进来。美国正在离夏威夷不远处的太平洋上修建一座海上城市，它的底座是一艘高 70 米，直径 27 米的钢筋混凝土浮船，日本也在积极推行人工浮岛计划，海上城市可能首先出现在美国夏威夷群岛附近的太平洋岛屿、日本附近的海面。

据英国《每日邮报》2013 年 11 月报道，美国佛罗里达州自由之船国际公司已经设计出海上漂浮城市“自由”号，它可一直漂浮在海上，分为 25 层，有 2 万名船员，足可容纳 5 万名永久居民，上面配套有学校、医院、艺术馆、购物中心、公园、水族馆以及赌场等设施，顶层有机场，后面有入船坞，以太阳能和波浪能为动力，可一直停留在海上，每两年可环绕地球一圈。“自由”号每天可接待游客 3 万人，1 万名客人可在船上过夜，这艘船 70%的时间将在大城市海岸附近停留，30%的时间在国家之间移动。“自由”号的主要航线是从美国东海岸经由大西洋进入欧洲，通过意大利前往非洲，途经澳大利亚向北进入亚洲，最终返回美国西海岸，并进入南美洲。自由之船国际公司副总裁罗杰·古奇(Roger M Gooch)说：“‘自由’号将是有史以来建造的最大的船，也将是第一座漂浮城市。我们对这个计划很感兴趣，希望能筹集到 10 亿美元(约合人民币 61 亿元)初始建造资金。”

日本建筑公司 Shimizu 提出了一个全新的未来都市计划——Ocean Spiral，这个有着巨大螺旋体支撑的圆球体便是城市内一角，一个圆球可容纳 5000 人，其中 4000 人为常住人口，剩余人数为参观或流动人口，里面各种设施与机构均十分齐全；这种大圆球漂浮在海面及以下，依靠海洋温差发电，人们食用海洋生物，喝过滤后的纯净水；每个群居模块均有自己的存储、水资源处理等基地，保证人们的生活正常进行。①

“海上城市”，是中国未来新兴城市的发展形式之一，是解决中国居住空间问题的重要途径，更是人们对今后生活的一个憧憬。在 2010 年上海世博会上，中国船舶馆一连推出了数艘未来概念船舶，展示重点定为“船舶让城市更美好”，展现了未来人类移居海上的梦想。在“世博未来”号上，集纳了商业楼宇、学校、医院、机场、码头、天文台、气象中心等陆域城市所拥有的各种齐全的功能，它就像一座浮动的城市。一艘“漂浮农场船”，描述着未来海上城市的新生活：船头种植着靠营养液生长的绿茵茵的蔬菜，船的中段宽敞甲

---

① 《未来海上城市　我们以后竟然住这里》，载“新华网”，2014 年 11 月 28 日。

板区饲养一群母鸡、养殖一条条鲤鱼等。未来，陆地空间可能已经不能满足人类生存，一部分人可能移居海上，“漂浮农场船”正是为这种“海上城市”提供食物的。

海上城市是集食品生产、供给，集海水淡化、蔬菜水果种植、家禽鱼类养殖以及食品加工等功能于一体的综合体，能保证居民身处海上也能吃上新鲜和营养丰富的食物。豪华的七星级酒店、游乐场、摩天轮、歌剧院、影视城、人造沙滩、空中观光平台以及各种游乐设施，未来海上城市营造出一个移动的海上欢乐天地。“世博未来”号还配有能够上天观光的飞艇和下潜入海的潜艇，“上天入地”无所不能。船舶的动力系统选用了喷水推进系统加辅助的电力推进吊舱混合组合，兼具灵活机动性和可靠性。中国世博展馆所展示的这些创意，不仅是个概念，有的已经正在实施，人类已经逐步开始利用海洋空间资源来建设海洋城市，不断拓展人类的生活空间。

据国外媒体报道，不久的将来在中国近海或许将出现一座全新的“浮动城市”。这座城市上面将拥有博物馆、水下酒店和主题公园，并建成一个自给自足的生态系统。这一设想源自中国一家公司与伦敦 AT 设计事务所的成功合作。浮动城市的占地约为 10 平方千米，可以为中国人口稠密的沿海城市提供居住用地，但更主要的定位，还是作为高端旅游目的地。根据目前的规划，这座浮动城市将提供许多供游客娱乐的设施。大型娱乐区中将包括多样的餐馆、酒吧、博物馆、画廊和一个主题公园，并拥有同时包括水面上下部分、可举办音乐会的场馆。多种多样的酒店将位于水下，游客可以乘坐邮轮或游艇前来，靠码头之后再换乘潜水艇前往酒店。在最初的计划中，浮动城市的选址位于澳门附近，后者早已成为广受中国民众欢迎的旅游目的地。不过，浮动城市将是一座完全自给自足的城市，因此并没有必要一定要位于另一个更大的城市中心附近。卫星农场将提供食物，水力发电机将提供能源，而来自屋顶和外墙的雨水将被引流到一个淡水湖中，从而提供水源。开发者指出，浮动房屋在荷兰已经出现，而浮动城市也可以应对海平面上升的威胁。如果一切顺利的话，浮动城市可能最快在 10~

20 年内就开工建设。[①]

2018 年 5 月 23 日，国内首座大型离岸式生态人工岛——招商局漳州开发区双鱼岛填海工程顺利通过交工验收，为双鱼岛前期填海造地画上了圆满的句号。作为国务院批准的首例经营性用海项目，未来，漳州开发区将致力将它打造成为以旅游度假、休闲体育、文化娱乐、商业居住为主的生态型岛屿。双鱼岛共分为东岛、西岛和中心岛。总体规划布局上"西高东低，西动东静"。西岛以商业娱乐为主，规划分布有主题乐园、游艇俱乐部等项目；东岛以休闲养生为主，规划分布有度假酒店、养生机构、碧海银滩、海景别墅、花园洋房等项目。

（二）发展海洋旅游

海洋是生命的摇篮，也是旅游的乐园，中国广阔的海洋地理资源空间，成就了中国海洋旅游大国的地位。海洋旅游，是以海岸带、海岛及海洋各种自然景观、人文景观为依托，包括海洋观光游览、休闲娱乐、度假住宿、体育运动等旅游活动。

现在，海洋旅游与海洋石油、海洋工程并列为海洋经济的三大新兴产业，世界各国都在自己的领海以及广阔的公海、大洋领域开发旅游资源，建设旅游基地，积极发展旅游业。中国海洋空间纵贯南北，气候分异显著，海洋风光各异；海岸线漫长，风光秀丽；奇岛美礁、金沙碧滩、渔乡风情构成了魅力无比的海岛风光。海洋是旅游的乐园，吸引了大量的游客到海岸玩海，品尝海鲜，到海岛度假，领略海岛风情。近些年来，中国的海洋旅游发展迅速，尤其是海上活动的兴盛，让海岸、海岛和海域顿时热闹起来。丰富的海洋空间资源为中国大力发展海洋旅游产业提供广阔的空间，海洋旅游业已越来越受到中国政府的重视，成为国家重点发展的产业。按照海洋旅游活动所依托海洋空间环境的差异，海洋旅游可分为：海岸带旅游，海岛旅游，海域旅游。

1. 海岸带旅游

海岸带旅游是现今海洋旅游的主要形式。处于海洋与大陆交界的海岸带，

---

① 《中国公司欲建浮动海上城市：生态系统自给自足》，载"新浪科技"，2014 年 8 月 2 日。

是现在世界海洋旅游活动的主要依托地。这些由基岩、沙质、淤泥质、生物、人工等海岸形成的不同的生态系统，成为海岸带的旅游空间资源。

随着中国海洋旅游的兴盛，许多海岸城市纷纷投入大规模的资金与人力进行海岸旅游空间资源的开发和建设，进一步带动了城市社会经济的发展繁荣。中国海岸城市多数具备良好的景观环境和理想的居住空间，旅游发展也越来越迅速，如三亚、海口、北海、广州、深圳、厦门、福州、宁波、杭州、上海、青岛、大连等海岸城市。他们利用海洋的特色与空间资源，以及颇具特色的港湾景观、建筑风格、娱乐设施、海鲜美食、海岸亲海广场、商业街与购物中心等，成为重要的人类活动空间和最繁忙的旅游城市。

2. *海岛旅游*

海岛拥有千变万化的景观及丰富的海洋生态，作为一个独特的地貌单元，在地质、气候、海洋上形成各种与众不同的景观，地形变化多端，景色秀丽壮观。海岛生态系统与大陆相差较大，形成独特的旅游空间，成为世界重要的旅游目的地。海岛相对封闭，与海岸带旅游相比，海岛旅游更为神秘而独具魅力，加上特殊的海岛自然景观，舒适的环境和气候，吸引了许多的游客，现在海岛旅游的优势越来越突出。

我国第一批开发利用无居民海岛名录已经公布，涉及辽宁、山东、江苏、浙江、福建、广东、广西、海南 8 个省区，共计 176 个无居民海岛，其中，辽宁 11 个、山东 5 个、江苏 2 个、浙江 31 个、福建 50 个、广东 60 个、广西 11 个、海南 6 个，海岛开发主导用途涉及旅游娱乐、交通运输、工业、仓储、渔业、农林牧业、可再生能源、城乡建设、公共服务等多个领域。随着围填海的兴起以及港口、城市建设的不断发展，海岛已成为发展海洋旅游的重要依托，随着我国第一批开发利用无居民海岛名录的公布，必将促进海岛旅游的大发展。

3. *海域旅游*

海域旅游，不以陆地为依托，旅游空间或在大海之上，或在深海之中，需要借助一定的设施和设备，这就得依靠科技的发展，因此，受到科技水平和经济活动的限制，海域旅游发展缓慢，现在还不具备成为大众旅游的主要形式。但是，海域旅游更具海洋特性，奥秘无穷，更具发展潜力，随着未来科技和经济水平的提高，海域旅游必将成为海洋旅游的热点。

现在，海洋旅游的空间逐渐由近海岸旅游活动向海域拓展，即借助船具而进行离岸活动。海域旅游活动包括游泳、风浪板、独木舟、水上脚踏车等开展的一系列海洋活动。其中帆船旅游吸引越来越多的游客，游客驾着帆船，在浩瀚无边的大海中畅游，更加亲近海洋，海浪、海风、阳光、海景，尽收眼底，更能欣赏海洋的美丽景象，享受乘风破浪的乐趣。业内人士认为，帆船航海旅游是中国未来海洋旅游发展的重要趋势，也必将成为一个重要的海洋旅游产业。同时，还可以发展海洋潜水和冲浪等海洋观光活动，这些越来越受到现代旅游者特别是年轻游客的喜爱。休闲潜水活动是一项充满刺激又具有挑战性的活动，不同的潜水活动需要不同的潜水装备。中国的海洋有许多适合潜水的海域，如中国南海，气候温暖，水质清澈，生物丰富，水温终年适宜潜水，海中美丽的珊瑚礁与海洋生物，独一无二，可谓世界著名的海洋潜水胜地。

中国是海洋旅游空间资源的大国，而海洋旅游产业发展却相对滞后。随着海南国际旅游岛的建设，我国海洋旅游产业的发展将达到一个新的高度。海洋旅游将成为 21 世纪休闲旅游发展的热点产业。

第三章

中国海洋生物资源空间

海洋是生命的摇篮。海洋里生活着各式各样的生物，拥有丰富的生物资源，是地球上生物多样性最丰富的区域。不同的环境影响了海洋生物的空间分布，各个门类的生物物种以及非生命的环境共同构成了紧密联系的整体。海洋生物不单有其自然的空间，作为资源而言，它们又是人类持续发展的潜在空间，资源量的变化是海洋生物资源空间伸缩的体现。探讨中国的海洋生物资源空间，首先须知晓我国海洋生物资源的状况，继而了解当前海洋资源空间开发利用现状，最终目标在于做到合理开发与维护海洋生物资源空间健康的统筹兼顾，从而真正发挥海洋生物资源在我国持续发展中的作用。

海洋生物资源分类

海洋生物属于生物的一部分，生物的划分方法适用于海洋生物。关于生物的划分，生物学上通常遵循界、门、纲、目、科、属、种七个层级，将生物划分为植物界(Plantae)和动物界(Animalia)的奠基人，是18世纪的瑞典科学家林奈(C. Linnaeus)。根据这种分类方法，凡有绿色叶片，可以进行光合作用，制造有机物，根生于土中，不能自由运动，并能无限生长的就是植物。与此相反，能自由运动，不能进行光合作用，以植物或其他有机物为营养，并有限生长的，都属于动物界。

此后，随着研究的深入，还有许多新的表达，如20世纪70年代后期美国生物学家沃斯(C. R. Woese)认为应把原核生物界分为古细菌界和真细菌界，形成六界生物分类系统。我国学者裘维蕃等于1990年提出菌物界(Myceteae)取代真菌界，包括真菌、黏菌和假菌(卵菌等)三类。但是，从总体来看，目前生物分类学上使用较为广泛的主要是惠特克的五界分类系统。将其理论应用于海洋生物，即可分为海洋原核生物界、海洋原生生物界、海洋真菌界、海洋植物界、海洋动物界。[1]

界之下分为多个门类，如原核生物界有泉古菌门、广古菌门、拟杆菌门、

① 李太武：《海洋生物学》，北京：海洋出版社，2013年，第22-23页。

硝化螺旋菌门等；原生生物界有硅藻门、金藻门、黄藻门、定鞭藻门等；真菌界有子囊菌门、接合菌门、担子菌门、半知菌门等；植物界有红藻门、褐藻门、蕨类植物门、被子植物门等；动物界有多孔动物门、刺胞动物门、扁形动物门、环节动物门等。门下又不断细分，直至生物个体，从而构成丰富多彩的海洋生物系统。

根据历时十年的全球“海洋生物普查计划”（Census of Marine Life，CoML）于2010年10月4日在伦敦发布的最终报告显示，全球海洋生物物种总计可能有约100万种，其中25万种是人类已知和描述的，还有75万多种是人类知之甚少而未能描述的，这些人类不甚了解的物种大都生活在北冰洋、南极和未能深入考察的海域。这次由80多个国家和地区的2700多名科学家参与的调查，共发现了6000多种新物种。[①] 无论从新发现的还有全球海洋生物物种数来看，海洋动物的物种数占据了绝大多数，由此可见，海洋动物的生物多样性较其他生物界更为丰富。

海洋生物生活在特定的海洋环境中，不同的环境塑造了海洋生物的独特性，依据生活习性的差别可将海洋生物分为浮游生物、游泳生物和底栖生物。

浮游生物（Plankton）是指自身具有微弱或者完全没有游动能力，仅靠水流的运动，被动地漂浮在水层中的海洋生物群。它们的共同特点就是缺乏发达的运动器官，只能随水流移动。浮游生物个体一般都很小，多数种类必须借助显微镜或解剖镜才能看清楚它们的身体构造。但是它们在海洋生态系统中占有非常重要的地位，它们的数量多、分布广，是海洋生产力的基础，也是海洋生态系统能量流动和物质循环的最重要环节。

浮游生物通常分为植物和动物两类。浮游植物是海洋中光合作用最重要的物质，它们制造氧气，为海洋动物提供最初的营养。其中单细胞浮游植物是海洋生态系统最主要的自养生物，包括硅藻、甲藻、蓝藻、金藻、绿藻、黄藻等。浮游动物通过捕食影响或控制初级生产力，同时其种群动态变化又可能影响许多鱼类和其他动物资源群体的生物量。浮游动物种类繁多，比较

---

① http：//www. coml. org/news-conference，2015年4月10日访问。

重要的有原生动物、浮游甲壳动物、水母类、毛颚类等。漂浮生物特指那些生活在海水最表层中和表面膜上的一类生物，又称海洋水表生物，由硅藻、腔肠动物、软体动物、甲壳动物等门类中的一些成员组成。

游泳生物(Nekton)是指能够克服水流阻力，具有很强的游泳能力的海洋生物。其特点为具有发达的运动器官，主要是一些大型游泳动物。游泳动物主要包括海洋鱼类和海洋哺乳动物(鲸、海豚、海豹、海牛)等脊椎动物和乌贼、虾类等一些海洋无脊椎动物。游泳动物大部分是肉食性种类，草食性和碎屑性的种类较少，很多种类是海洋生态系统中的高级消费者。游泳动物的主要类别有鱼类、甲壳类、头足类、海洋爬行类、海洋哺乳类、海鸟等。从种类数量上看，鱼类是最重要的游泳动物，也是海洋渔业捕捞的主要对象。

底栖生物(Benthos)是指生活在海洋基底表面或沉积物中的各种生物。由于海底环境的多样化，海洋底栖生物种类繁多，底栖生物群落有多种生产者、消费者和分解者。通过底栖生物的营养关系，水层沉降的有机碎屑得以充分利用，并且促进营养物质的分解，在海洋生态系统的能量流动和物质循环中起很重要的作用。此外，很多底栖生物也是人类可直接利用的海洋生物资源。主要有底栖植物(单细胞底栖藻类、海藻和维管植物)与底栖动物(原生动物、腔肠动物、软体动物、环节动物、节肢动物、棘皮动物等各大门类动物)。

中国海洋生物资源的空间分布

我国海域辽阔，南起北纬3°左右的曾母暗沙，北至北纬41°附近的辽东湾，东自东经129°的冲绳海槽，西到东经106°附近的北部湾，面积约为486万平方千米。其中我国领海面积38万平方千米，主张管辖海域近300万平方千米。此外，公海也是我们广阔的活动空间。我国海域跨越热带、亚热带、温带，近海从北至南依次是渤海、黄海、东海和南海，各式各样的海洋环境形成了我国海洋生物物种的多样性，不同的空间生活着相应的生物群落。

一、我国海洋生物资源调查

各个国家为了了解本国海域的生物资源，时常需要开展海洋调查。我国政府也非常重视海洋生物资源的调查研究，50多年来，我国进行了多次大规模的海洋综合调查。如1957—1958年的“渤海、北黄海西部海洋综合调查”、1958—1960年的“全国海洋综合调查”、1974—1985年“南海中部、东北部综合调查”、1980—1985年“全国海岸带和滩涂资源综合调查”、1989—1993年“全国海岛资源调查”、1988—2000年“南海诸岛及其邻近海区综合科学调查”以及2004—2009年“我国近海海洋环境调查与综合评价”专项(简称908专项)。海洋调查的成果是我们了解我国海洋生物资源的重要依据，尤其是908专项，其调查时间近、范围广，很好地反映了当前我国海洋生物资源的状况。

据国家海洋局海洋发展战略研究所课题组编的《中国海洋发展报告(2011)》介绍，908专项是国务院于2003年9月批准立项、国家海洋局具体组织实施的一项中国海洋发展史上投入最大、调查要素最多、任务涉及部门最广的海洋环境基础调查和评价工作。该专项确定了突出发展海洋经济的主题，立足于为国家决策服务，为经济建设服务，为海洋管理服务的宗旨。其总体目标是摸清中国21世纪初期的海洋家底，掌握海洋为国民经济和社会发展提供的支撑和承载能力，了解海洋资源可持续利用潜力，规划和优化海洋生产力布局；为全面建设小康社会、保障海洋经济和沿海地区的可持续发展、维护国家海洋安全和可持续的海洋利益提供基础依据。

在持续八年的大规模调查中，有众多来自海洋学、物理学、生物学、化学、地理学以及人文社科等领域的专家学者参与，调查人员万余人次，涉及150多个调查单位，动用大小船只500余艘，航次千余次，海上作业时间累计17 000多天，航程200多万千米，完成了水体调查面积102.5万平方千米，海底调查面积64万平方千米，获取了大量精确信息。

《中国海洋物种和图集》正是908专项的重要成果，分上下两卷，对近100年来我国海洋生物的科学记录和多样性研究积累进行全面梳理和分析研究。完成了中国海洋生物59门类28 000余种的编目、18 000余种物种形态图的研制，系统地阐明了中国海洋生物的种类组成、形态特征、分布等。收录了诸多新物种，诸如创立和描述了 3 新属 43 新种，发现了 40 属在我国海域的新分布。

从《中国海洋物种和图集》以及过去的海洋生物调查，可以清晰地看到我国海洋生物资源种类的变化。1994 年初版的《中国海洋生物种类与分布》共收入 20 278 种生物，2001 年英文版和 2008 年的增订版增加到 22 561 种。此次更大规模的调查，使我国近海海洋生物种数增至 28 733 种。其中，原核生物界有 9 个门类、574 种，原生生物界有 15 门 4894 种，真菌界 5 门类 371 种，植物界 6 门 1496 种，最多当属动物界，有 24 门 21 398 种。

总之，908 专项是我国开展的一次历史长久、最为全面的近海生物调查，它所形成的成果是当前我们认识我国海洋生物多样性以及生物空间分布最新和最权威的资料。

二、渤海海洋生物资源空间

渤海水深较浅，平均水深 18 米，最大水深 86 米，深度小于 30 米的范围占总面积的 95%。[①] 由于大陆河川大量的淡水注入，使渤海中上部盐度最低，海水表层盐度为 26. 0~30. 0，河口入海处可低于 24. 0。沿岸底质以砂质为主，滩涂面积较大，辽河、海河、黄河等河流从陆地上带来大量有机物质。[②] 渤海水温变化受北方大陆性气候影响，2 月水温为 0℃左右，8 月水温达 21℃。严冬来临，除秦皇岛和葫芦岛外，沿岸大都冰冻。3 月初融冰时还常有大量流冰发生，平均水温 11℃。

渤海的环境决定了该地海洋生物多为广温低盐种，且存在季节的空间分布差异。据调查发现，渤海浮游植物有 7 门 42 属 121 种，硅藻和甲藻占物种的绝大多数，其中 79 种属硅藻门，36 种属甲藻门。硅藻占调查海域物种数量的 61. 5%~92. 1%，占细胞丰度的 64. 6%~99. 2%；甲藻占调查海域物种数量的 2. 9%~38. 4%和细胞丰度的 0. 8%~48. 4%。渤海的浮游植物区系主要由本

① 孙松：《中国区域海洋学——生物海洋学》，北京：海洋出版社，2012 年，第 3 页。
② 傅秀梅、王长云：《海洋生物资源保护与管理》，北京：科学出版社，2008 年，第 110 页。

地物种和假性浮游物种组成。假性浮游物种只在个别水浅区域由风力搅动的再悬浮水体中出现。外源性物种只在特定时期出现，主要是受黄海水团的影响从渤海海峡的北部输入渤海，但对渤海的浮游植物群落贡献不大。渤海浮游植物的群落结构相对保守。渤海浮游植物空间分布以春季和秋季特征最为典型，此两季有着较大差异。秋季浮游植物集中于黄河口和渤海湾东部，而春季则主要分布于渤海海峡靠近渤海中部。浮游植物空间分布的季节差异与温度、光照紧密相连。渤海湾区的浮游植物多为渤海本地种的演替群落，夏秋季受辽东湾下来的沿岸流影响较大；黄河口浮游植物群落则受黄河季节性水量变化的影响；渤海海峡区的浮游植物群落主要是外源性物种和本地物种的混生群落，一定程度上与黄海暖流余脉的影响有关。

渤海已有调查结果共记录到浮游动物 99 种，幼虫 17 类。水母类是种类数量最多的浮游动物类群，共记录到 41 种；桡足类次之，共记录到 30 种。浮游动物中数量大、出现频率高的种类有：小拟哲水蚤、双毛纺锤水蚤、腹针胸刺水蚤、强壮宾箭虫等。广温近岸种是渤海浮游动物的主要组成部分。如：强壮宾箭虫、双毛纺锤水蚤、真刺唇角水蚤都是生物量的主要构成者。此外常见种还包括八斑芮氏水母、锡兰和平水母、住囊虫、长额刺糠虾、中国毛虾等。受黄海海流影响的外海性种类也是渤海浮游动物的重要组成部分，比较典型的是中华哲水蚤。①

渤海底栖生物属印度洋-西太平洋区系的暖温性种类。底栖植物记录有 100 多种，优势种类有绿藻、褐藻和红藻，其中尤以海带、紫菜和石花菜居多。渤海海域底栖动物区系简单，2006—2007 年我国近海海洋综合调查与评价专项中共采集大型底栖动物 413 种，种数在 4 个海区中最少，其中环节动物多毛类 131 种，软体动物 95 种，甲壳动物 110 种，棘皮动物 20 种，其他类 57 种。主要底栖生物优势种类包括不倒翁虫、拟特须虫、背蚓虫、江户明樱蛤、紫壳阿文蛤、小亮樱蛤、细长涟虫、塞切尔泥钩虾等，优势种主要是低温和广盐暖水种。与以往的调查相比，大型底栖动物的种数显著增加，可能

① 孙松：《中国区域海洋学——生物海洋学》，北京：海洋出版社，2012 年，第 43 页。

是此次调查范围较广、航次较多的原因。[①] 经济性种类有毛蚶、菲律宾蛤、文蛤、褶牡蛎、中国对虾、三疣梭子蟹等。小型底栖生物的生物量水平分布呈中、北部高，西、南部较低的趋势。

游泳动物以鱼类为主，尚有少量虾、蟹及头足类动物。渤海的鱼类区系是黄海区的组成部分，鱼类多达 150 种，半数以上属暖温带种，其次为暖水种。主要经济鱼类有小黄鱼、带鱼、黄姑鱼、鳓鱼、真鲷和鲅鱼等。主要渔场有辽东湾、渤海湾、莱州湾渔场等。[②]

三、黄海海洋生物资源空间

按照黄海的自然地理特征，习惯将黄海分为北黄海和南黄海。北黄海是指山东半岛、辽东半岛和朝鲜半岛之间的半封闭海域，海域面积约为 8 万平方千米，平均水深 40 米，最大水深在白翎岛西南侧，为 86 米。长江口至济州岛连线以北的椭圆形半封闭海域，称南黄海，面积 30 多万平方千米，南黄海的平均水深为 45.3 米，最大水深在济州岛北侧，为 140 米。海区北部形成向南开口的盆地，盆地中央为泥质-粉砂质的堆积平原，近岸沉积物较粗，而中部较细；南部自海岸起向东逐渐变细，江苏沿岸至长江口附近较粗，为细砂质。渤海表层冬季水温为 5~10℃，夏季水温为 25~27℃，海水表层盐度约为 31，寒暖流交汇，生物资源丰富。[③]

黄海区浮游生物兼有北太平洋暖温带系和印度洋-西太平洋热带区系的双重性，但以温带种占优势，多为广温性低盐种。2006 年有记载黄海浮游植物已记录 368 种，以硅藻为主，优势种类有圆筛藻、角毛藻、根管藻、盒形藻、菱形藻、多甲藻等。[④] 2006—2007 年间的四季调查，采集的浮游植物样品经鉴定属于 5 门 96 属 340 种，硅藻门占绝对优势，甲藻门次之。[⑤] 黄海浮游植物类群结构的时空分布深受黄海冷水团、黄海暖流、沿岸流的影响。水温高

---

① 孙松：《中国区域海洋学——生物海洋学》，北京：海洋出版社，2012 年，第 63 页。
② 刘承初：《海洋生物资源综合利用》，北京：化学工业出版社，2006 年，第 13 页。
③ 傅秀梅、王长云：《海洋生物资源保护与管理》，北京：科学出版社，2008 年，第 110 页。
④ 刘承初：《海洋生物资源综合利用》，北京：化学工业出版社，2006 年，第 13 页。
⑤ 唐启升：《中国区域海洋学——渔业海洋学》，北京：海洋出版社，2012 年，第 148 页。

和透光层的地方，浮游植物往往更为丰富，如真核球藻夏季的集中区多分布在黄海冷水团外侧较为温暖的海域，冬季由于环海暖流的效应，呈现中部高、沿岸低的特征。黄海冷水团在发育、盛行和衰退时期对浮游植物类群组成的时空分布均有显著影响。

908 专项调查中，在黄海鉴定出浮游动物 207 种(不含 35 类浮游幼体)。其中，112 种节肢动物，68 种刺胞动物，5 种栉板动物，7 种软体动物，5 种毛颚动物和 10 种尾索动物。北黄海浮游动物种类数较少，优势种的季节交替也不明显，中华哲水蚤是常年最主要的优势种，高峰时的生物量主要是由中华哲水蚤、强壮箭虫和细长脚组成。南黄海中华哲水蚤仍然是最主要的优势种，但是夏季背针胸刺水蚤、真刺唇角水蚤、双刺唇角水蚤和匙形长足水蚤数量较多。

底栖生物以暖温带为主。底栖植物的优势种类有绿藻、褐藻和红藻，其中尤以海带、紫菜和石花菜等居多。2006—2007 年的调查发现，黄海大型底栖生物 853 种。在北黄海区共采得大型底栖生物 658 种，其中种类最多的是多毛类动物，共有 261 种；其次是甲壳动物 178 种；软体动物、棘皮动物和其他类动物分别为 124 种、33 种和 62 种。该海区优势种类有：不倒翁虫、米列虫、后指虫、长吻沙蚕、薄索足蛤、大寄居蟹、日本鼓虾、心形海胆、萨氏真蛇尾、海葵等。在南黄海共采得 416 种，以多毛类居多，199 种；软体动物 81 种、甲壳动物 78 种、棘皮动物 25 种，其他类 33 种。主要优势种类是背蚓虫、短叶索沙蚕、角海蛹、曲强真节虫、圆楔樱蛤、哈氏美人虾、紫蛇尾等。比较两个海区发现，大型底栖生物群落的物种组成和分布有明显差异，北黄海海域，北太平洋温带种在种类和数量上占有一定优势，夏季由于受黄海冷水团的影响，底层水温较低，冷水种增多。南黄海暨南海海域环境条件的主要特点是底质复杂、温度较低，因此该海域底栖生物的种类组成以广温、低盐性近岸种占优势。①

游泳动物以鱼类为主，其他有虾、蟹以及头足类等。鱼类区系属北太平

① 孙松：《中国区域海洋学——生物海洋学》，北京：海洋出版社，2012 年，第 170 页。

洋东亚亚区，为暖温带性，又以温带性占优势。种类比渤海多一倍，有300种。主要经济鱼类有小黄鱼、带鱼、鲐鱼、鲅鱼、黄姑鱼、鳓鱼、太平洋鲱鱼、鲳鱼、鳕鱼、叫姑鱼、白姑鱼、牙鲆等，此外还有头足类(如乌贼)和鲸类(如小鰛鲸、长须鲸、虎鲸)等。主要渔场有海洋岛、烟威、石岛、海州湾、连青石、吕四、大沙等。

黄渤海与其他海区比较，优势经济鱼类主要有鳀鱼、鲅鱼、小黄鱼等。鳀鱼俗称海蜒，主要分布在黄渤海及东海北部，鱼汛在每年6—9月，常生活在浅海，趋光性强，春季沿海岸北上；秋季沿海岸南下，在适水温带产卵、索饵和洄游。2012年鳀鱼全国捕捞量为82. 4万吨，黄渤海占63. 7万吨。鲅鱼，又名蓝点马鲛，我国渤海、黄海和东海均有分布。2012年鲅鱼全国捕捞45. 9万吨，黄渤海海域为26. 3万吨。小黄鱼亦名小黄花鱼，我国捕捞量约40万吨，一半以上都在黄渤海。

四、东海海洋生物资源空间

东海受黑潮暖流分支、大陆沿岸水和黄海冷水团的影响，水文环境复杂。表层水温冬季为10~20℃，夏季水温为27℃。表层海水盐度为29~34，长江口及钱塘江口在15以下。东海海水透明度较大，能见到水下20~30米。海区底质分布粗土质软泥，自沿岸向东逐渐变细，到深度较大的近岸区则变粗，黏土质软泥呈南北阔带状分布于舟山群岛的东南和东北。大陆流入东海的江河，长度超过100千米的河流有40多条，其中长江、钱塘江、瓯江、闽江四大水系是注入东海的主要江河。由此东海形成一支巨大的低盐水系，成为我国近海营养盐比较丰富的水域。又因东海属于亚热带和温带气候，利于浮游生物的繁殖和生长，故东海是各种鱼虾繁殖和栖息的良好场所，也是我国海洋生产力最高的海域。①

据2006—2007年间的四季调查数据显示，东海浮游植物样品中，除定鞭藻和不等长鞭毛藻外，共鉴定出8门125属581种。硅藻门数量最多，其次是甲藻门，此外还有绿藻、金藻、蓝藻等。优势种类有中肋骨条藻、圆筛藻、

① 傅秀梅、王长云：《海洋生物资源保护与管理》，北京：科学出版社，2008年，第110-111页。

尖刺菱形藻等。从地域分布上看，浮游植物总量在近河口区域高于外海，在近岸、陆架和陆坡浮游植物类群组成也有明显的差异。受水团变化带来的温度、盐度和营养盐等理化参数变化的影响，不同季节浮游植物的空间分布也不同。如原绿球藻在夏季，它的分布区域覆盖了大部分的陆架海区，甚至能扩散到长江口冲淡水区，而在冬季则限制于黑潮及周边水域。

东海浮游动物多样性丰富，据调查共有 803 种(不含 68 类浮游幼体)，隶属于 7 门 18 大类群。[①] 该海区水文环境影响了浮游动物多样性与群落分布。在东海外海的黑潮水域，浮游动物种类较多，大多数物种属于亚热带外海种，但在温、盐度适应能力上，大部分物种都有广泛的温、盐度分布区间，且地理分布非常广泛。优势种类有中华哲水蚤、真刺水蚤、中型莹虾、肥胖箭虫、五角水母等。

908 专项对长江口海域、浙江海域和台湾海峡海域进行了调查，在整个调查海区范围内共采集大型底栖生物 1300 种，其中多毛类 428 种、软体动物 291 种、甲壳动物 283 种、棘皮动物 80 种、其他动物 218 种。该三块海区的大型底栖生物种数分别为 418 种、327 种和 492 种，均以多毛类种数为最多。优势种有不倒翁虫、双形拟单指虫、钩虾等，渔业资源中双壳类和虾类占重要地位，三疣梭子蟹和拟穴青蟹产量也很高。

东海沿海底栖植物资源相当丰富，浙闽沿岸有浒苔、海带、昆布、裙带菜、紫菜、石花菜和海萝，闽江口以南还盛产种子植物，特别是红树林。[②]

浮游动物以鱼类为主，东海鱼类多达 600 种。西部暖水性种约占半数以上，其次为暖温性种，东部暖水性种占绝对优势。东海的传统经济鱼类主要是带鱼、大黄鱼和小黄鱼。此外，马面鲀、鲐鱼、蓝圆鲹鱼和沙丁鱼等捕获量也较多，头足类和无针乌贼产量也很高。近海渔场主要有长江口、舟山、鱼山、温台、闽东、台北、闽南、济州岛和对马渔场等。其中，舟山渔场是中国最大的渔场，四季皆有鱼汛，春有小黄鱼、鲐鱼、马鲛鱼，夏有大黄鱼、墨鱼、鲷，秋有海蟹、海蜇，冬有带鱼、鳗和鲨等。

---

① 唐启升：《中国区域海洋学——渔业海洋学》，北京：海洋出版社，2012 年，第 268 页。
② 李太武：《海洋生物学》，北京：海洋出版社，2013 年，第 284 页。

从近年东海捕捞的情况来看，带鱼、蓝圆鲹、鲐鱼是主要的优势鱼种。带鱼，又称刀鱼、裙带、肥带等，在中国的黄海、东海、渤海一直到南海都有分布，是目前捕获量最多的鱼种。2012 年带鱼总捕捞量为 109.7 万吨，东海占 61.2 万吨。蓝圆鲹，又名池鱼，巴浪鱼。暖水性中上层鱼类，分布于中国海南省到日本南部，东海是主要分布区。2012 年蓝圆鲹全国捕捞量 58.1 万吨，闽浙两省就达 35.2 万吨。鲐鱼，又称作青花鱼、油胴鱼、鲭鱼等。东海鲐鱼产量占全国的 60%。

五、南海海洋生物资源空间

南海地处低纬度地域，是我国海区中气候最暖和的热带深海，表层水温高为 25~28℃，年温差小，为 3~4℃，终年高温高湿，长夏无冬。南海盐度最大，表层盐度为 33.5~34.0，珠江口低于 1.0。南海是邻接我国最深的海区，平均水深约 1212 米。南海盆地出于西沙、中沙与南沙群岛之间，形成深度在 4000 米以上的深海平原，中部深海平原中最深处达 5567 米。南海底质复杂，有细粉砂、黏土质、粗粒砂质、细砂粒等。注入南海的河流主要分布于北部，主要有珠江、红河、湄公河、湄南河等。由于这些河的含沙量很小，所以海阔水深的南海总是呈现碧绿色或深蓝色。南海的自然地理位置，适于珊瑚繁殖，海洋生物资源丰富。

据 908 专项调查记录，在南海浮游植物样品中共鉴定出 9 门 159 属 842 种。南海北部浮游植物物种以广温、广布型为主，其次是暖水性种，热带、亚热带和冷水性种都较少，优势种类主要以硅藻为主；夏季浮游植物以热带暖水性类群和广布性类群为主，优势种类大多为浮游硅藻。夏季受太平洋的高温高盐水团和黑潮水的影响，近海性浮游硅藻物种和数量大大减少，而大洋暖水性浮游硅藻和甲藻则显著增加。南海南部的浮游植物生态类群多属于热带大洋种，另一重要类群是广布性类群，主要由广温广盐种和广温高盐种组成。整体来看，南海浮游植物的分布呈现近岸水域高、外海低的特征，以硅藻和甲藻为主，优势种类有角毛藻和根管藻类等。

浮游动物从 2006—2007 年间的调查中，共鉴定出 1108 种（不含 68 类浮游幼体)，隶属于7门18大类群。浮游动物以甲壳动物占绝对优势，为634种，占总数的57.2%，甲壳动物又以桡足类的种类数最多，为309种。腔肠动物居第二位，为277种，其中，水螅水母200种、管水母68种、钵水母9种。浮游动物中还有栉水母动物9种、软体动物59种、环节动物36种、毛颚动物33种、尾索动物60种。优势种类主要有强次真哲水蚤、异尾宽水蚤、小哲水蚤、肥胖箭虫、正型莹虾、双生水母等。浮游动物总生物量的分布，呈现出由近岸逐渐向外海递减的一般规律。但是由于浮游动物的分布与水文环境的季节变化关系密切，因此在不同季节，海区生物量的分布有较明显的差异。春季在粤东与台湾浅滩交汇处、珠江口与粤西海域交汇处和北部湾形成高密区，夏秋季呈现东部高于西部、近海高于远海的趋势，冬季分布较为均匀。

南海底栖动物资源丰富，908专项调查共发现大型底栖动物1830种，其中，多毛类607种、甲壳动物504种、软体动物440种、棘皮动物136种、其他动物143种。北部沿岸浅水区基本上都是热带和亚热带性浅水种。南部，包括西沙、南沙群岛等，基本上都是典型的热带种，特别是造礁珊瑚极其发达。1000米以下的深水区，底栖动物具有深海特征。主要底栖动物资源有珠母贝、近江牡蛎、翡翠贻贝、日月贝、杂色鲍、墨吉对虾、长毛对虾、中国龙虾、远游梭子蟹、拟穴青蟹、梅花参和黑海参等。

底栖植物可分为南、北两区。北区的广东沿岸出现以亚热带性种为主的代表种。南海诸岛为南区，基本上都是典型的热带种。经济藻类资源主要有羊栖菜、紫菜、江蓠、鹧鸪菜、麒麟菜、海萝等。南海沿岸还有众多的红树林，构成了具有热带特色的红树林群落。[①]

南海鱼类资源丰富，北部海区有750多种，以暖水性为主，暖温带种较少。南部海产鱼类更多，有1000种，均为暖水性。主要经济鱼类有蛇鲻、鲱鲤、红笛鲷、短尾大眼鲷、金线鱼、蓝圆鲹、马面鲀、沙丁鱼、大黄鱼、带鱼、石斑鱼、海鳗、金枪鱼等。[②] 除了鱼类，还具有经济价值的游泳动物，如海蛇、海龟、中国鱿鱼、海豚、鲸类等。

---

① 李太武：《海洋生物学》，北京：海洋出版社，2013年，第285页。

② 刘承初：《海洋生物资源综合利用》，北京：化学工业出版社，2006年，第15页。

南海海区与其他海域鱼类比较，带鱼、蓝圆鲹也较为丰富。2012 年，带鱼捕捞量约占全国总量的 30%，达 31 万吨。蓝圆鲹捕捞量 22. 9 万吨，占全国总量的 39. 4%。此外，金线鱼、金枪鱼、海鳗是南海的优势鱼种。金线在我国黄海南部、东海、南海均有产，以南海居多，2012 年南海捕捞量 31. 8 万吨，占全国总量 33. 2 万吨的 95. 8%。金枪鱼又叫鲔鱼，有 8 个品种，在我国金枪鱼总捕捞量不大，2012 年为 4. 16 万吨，南海占 81%，为 3. 37 万吨。海鳗在我国主要分布在南海、东海。

从上文分析可知，我国近海生物资源种类多、分布广、结构复杂、区域性较强。从空间分布情况来看，不同的环境中分布着相应的生物群落，海洋生物资源的空间差异与海洋环境息息相关。

中国海洋生物资源空间的开发利用

我国海洋生物资源丰富，仅从近海海洋生物来看，五界齐全，涵盖 59 个门类，已被描述的物种数达 28 000 余种。同时，我国气候条件优越，入海河流众多，水体营养物质充沛，大陆架宽广，光照充足，因此我国海域十分适合海洋生物的繁殖生长，海洋生物资源量大。有数据表明，我国诸海区每平方千米的生物产量为 2. 67 吨(平均值)，总生物生产量为 1261. 53 万吨。丰富的海洋生物资源不单是我们生存环境的基本组成部分，它们还被我们广泛利用，是支持我们生存与发展的物质基础。

对海洋生物资源的开发利用，首要的是海洋生物资源的食用价值。自 20 世纪 90 年代早期起，水产品直接食用比例开始增加。在 20 世纪 80 年代，约 71%的鱼用于食用，这一比例到 20 世纪 90 年代增至 73%，到 21 世纪头十年增至 81%。2012 年，世界水产品超过 86%(1. 36 亿吨)直接用于食用。剩余 14%(2170 万吨)为非食用，其中 75%(1630 万吨)用于制作鱼粉和鱼油。其余 540 万吨主要用作观赏、养殖(鱼种、苗等)、饵料、制药、水产养殖以及牲畜和毛皮动物直接投喂的原料。我国对海洋生物资源的利用方式与国际的基本相同，主要在食用、饲料、药用等几个方面。

一、食用

“以海为生”是人类开发海洋的最重要目的，海洋生物早就成为我国人民食物的一部分，从各地挖掘出的海洋文化遗址，到“鱼盐之利，舟楫之便”的文献相传，无不印证了我国利用海洋生物的悠久历史。当前国民与水产品的关系更为密切，据《2014 年世界渔业和水产养殖状况：机遇与挑战》统计，中国的人均表观水产品消费在 1990—2010 年期间的年均增幅为 6.0%，到 2010 年达到 35.1 千克左右，远高于同年世界的平均水平 18.9 千克。海洋生物作为食物是基于自身的营养价值，它们是人体所需蛋白质的重要来源。2010 年，水产品占全球人口摄入动物蛋白的 16.7%，所消费总蛋白的 6.5%。此外，水产品为超过 29 亿人口提供了近 20%的动物蛋白摄入，为 43 亿人提供了约 15%的动物蛋白。同时期，中国的鱼类在动物蛋白供应量中的贡献率超过 20%。

我国的海洋生物获取是通过捕捞和养殖两种途径，捕捞和养殖的数量都十分庞大，是当前世界上最大的渔业生产国。我国渔业产量不仅在世界中占有较大份额，而且近些年呈现不断增长的态势。根据联合国粮食及农业组织（FAO）最新发布的《2018 年世界渔业和水产养殖状况：实现可持续发展目标》的内容，中国 2016 年海洋总渔获量保持稳定，产量居世界首位。

据《2017 中国渔业统计年鉴》统计结果显示，全社会渔业经济总产值 23 662.29 亿元，其中渔业产值 12 002.91 亿元，海洋捕捞产值 1977.22 亿元，海水养殖产值 3140.39 亿元，淡水捕捞产值 431.15 亿元，淡水养殖产值 5813.18 亿元。海洋捕捞（不含远洋）产量 1328.27 万吨，占海水产品产量的 38.06%，比上年增加 13.49 万吨。其中，鱼类产量 918.52 万吨，比上年增加 13.15 万吨；甲壳类产量 239.64 万吨，比上年减少 3.15 万吨；贝类产量 56.13 万吨，比上年增加 0.53 万吨；藻类产量 2.39 万吨，比上年减少 0.19 万吨；头足类产量 71.56 万吨，比上年增加 1.58 万吨。海洋捕捞鱼类产量中，带鱼产量最高，为 108.72 万吨，占鱼类产量的 11.84%；其次为鳀鱼，产量为 98.37 万吨，占鱼类产量的 10.71%。海水养殖产量 1963.13 万吨，占海水产品产量的56.25%，比上年增加87.50万吨。其中，鱼类产量134.76万吨，比上年增加4.00万吨；甲壳类产量156.46万吨，比上年增加12.97万吨；贝类产量1420.75万吨，比上年增加62.37万吨；藻类产量216.93万吨，比上年增加8.01万吨。海水养殖鱼类中，大黄鱼产量最高，为16.55万吨；鲈鱼产量位居第二，为13.95万吨；鲆鱼产量位居第三，为11.80万吨。[①]

海水产品除了直接鲜活利用外，很大部分是经加工后食用的。我国海洋水产加工具有悠久的历史，但在相当长的历史时期内，海洋水产加工品仅限于干制品、腌熏制品和罐制品三大传统产品。从20世纪五六十年代起，随着冷冻技术和冷库建设的发展，已开始进行冷冻保藏，同时水产品罐头制品、鱼糜制品、烤鳗制品也开始大规模发展。目前，我国各种水产品加工手段得到逐步完善，已基本形成多品种系列化产品，新开发的各式水产休闲食品、海洋保健食品在市面上得到消费者的青睐。

二、饲料

30年来，在“以养为主”方针的指导下，我国渔业取得了飞跃发展，特别是海水养殖业发挥了主导作用。自1988年起，我国水产养殖产量(含淡水养殖)就一直超过捕捞产量，2012年水产养殖产量占总水产品产量的72.6%，高达4288万吨。与此同时，我国水产养殖发展势头迅猛。随着水产养殖的不断发展，投放饲量也逐年攀升，而饲料的生产很大一部分是源自海洋生物资源。

据统计，我国的水产饲料年产量超过1800万吨，鱼粉作为饲料重要的蛋白源，我国每年的需求量大于260万吨。鱼粉以一种或多种鱼类为原料，经去油、脱水、粉碎加工而成为高蛋白质饲料原料。鱼粉可用整鱼、鱼的边角料或其他鱼副产品制作，2012年约35%的世界鱼粉产量来自鱼副产品。全球鱼粉产量超过800万吨，贸易量约380万吨。世界鱼粉生产国主要有秘鲁、智利、日本、丹麦、美国、俄罗斯、挪威等，其中秘鲁和智利的出口量约占

---

① 农业部渔业局：《2017年中国渔业统计年鉴》，北京：中国农业出版社，2017年，“2016年全国渔业统计情况综述”。

总贸易量的 70%。[①]

我国是世界上最大的鱼粉消费国，水产饲料实际使用的鱼粉量是世界鱼粉总产量的 25%，也是全球水产饲料鱼粉使用总量的 50%(即世界鱼粉总产量一半是用作水产饲料)。我国近一半的鱼粉依赖进口，2004 年进口鱼粉 112 万吨，占世界鱼粉总产量的 20%，占世界鱼粉贸易总量的 25%。2005 年进口鱼粉 158 万吨，达到峰值。2012 年我国鱼粉进口量为 124.57 万吨。

长期过分地依赖进口鱼粉，势必对我国水产养殖的安全造成威胁，因此我国科学工作者长期致力于鱼粉制作研究，从干法生产到湿法脱脂生产，从低质量到高质量，逐步走上了成熟的发展道路。据有关资料，1997 年我国新增脱脂鱼粉生产线约 150 条，相当于前 20 年所建脱脂鱼粉生产线的总和。目前中国鱼粉产量仍然不高。根据中国渔业统计年鉴，江苏、山东、福建、浙江、广东、辽宁、河北是我国鱼粉的主要产地，2009 年我国鱼粉产量 136 万吨，2011 年 182 万吨。

此外，一些水产饲料的制作还利用了鱼油或是海藻制品。鱼油是若干肉食性鱼类饲料的重要配料，也可用整鱼、鱼的边角料或其他鱼副产品制作。随着投喂型养殖产品的不断增长，从而加大了对鱼油的生产需求。据联合国粮食及农业组织的调查，世界每年收获的约 2500 万吨海藻和其他藻类中有一部分是用于饲料制作，例如海藻酸盐、琼脂和卡拉胶或一般以干粉类型用于动物饲料的添加剂。我国养殖的江蓠(Gracilaria)，其产量很大一部分用作鲍鱼和海参养殖饲料。

三、药用

海洋药物是指以海洋生物为药源，运用现代科学方法和技术研制而成的药物，李太武主编的《海洋生物学》对海洋生物的药用价值做了详尽的叙述。海洋生物资源比陆地生物更为丰富，因此药源广。同时海洋生物生活在特殊的环境中，形成了独特的代谢方式，从而产生了大量结构新颖的化合物和新

---

① 陈蓝荪等:《中国水产饲料产业发展研究④:中国水产饲料工业与世界鱼粉市场》，载《水产科技情报》，2014 年第 4 期。

的生化过程。这些天然产物对人类多种疾病具有明显的疗效，能有效地抗病毒(如人类免疫缺陷病毒，HIV)、抗肿瘤、抗真菌、杀菌、杀寄生虫、降血压、降血糖、提高免疫功能、防治心血管疾病和糖尿病及老年痴呆症等。因此，通过海洋生物开发新药备受各国的重视。

我国《药品注册管理办法》(国家食品药品监督管理局，2007)中，没有单独列出海洋药物专项。海洋生物由海洋动物、海洋植物和海洋微生物等组成，所以亦属于该管理办法的范畴，海洋生物药物可以按照中药、化学药(西药)、生物制品来区分。

中国很早就将海洋生物作为药物，只是在海洋新药方面起步较晚，我国的海洋天然产物研究始于 20 世纪 70 年代。适合作为药物的海洋生物众多，绿藻类可用于治疗喉痛、中暑、水肿等，如石莼、孔石莼；褐藻类可用于治疗甲状腺肿大、颈淋巴结肿、慢性支气管炎等，如海带、羊栖菜；红藻类可用于治疗甲状腺肿大、高血压等，如条斑紫菜、坛紫菜。

海洋动物的药用类型更是繁多。腔肠动物中的水母类有防治心血管和抗癌的药用物质，珊瑚类的药用石灰质骨骼有止呕、止咳、治霍乱等诸效。星虫类中的光裸星虫可清肺滋阴、降火、治牙肿痛等。软体动物中石鳖类可治颈淋巴结结核，腹足类可治眼急性发炎、胃溃疡等。节肢动物中的甲壳类提取的毒素有治神经衰弱、乳疮、皮肤溃疡等功效。棘皮动物中海参类具有补肾壮阳、益气补阴功效，海胆类毒素可制成心肌药或神经阻断新药。鱼类，可从其肝提取鱼肝油，用鱼精巢制取鱼精蛋白，鱼肉可制取水解蛋白。爬行类中的水蛇制成蛇酒有祛风湿之效，海龟可用于治哮喘病、胃病等。哺乳类中鲸类肝脏可制成抗贫血剂或维生素 A 制剂，海豹具有补肾壮阳、益精补髓的功效。

经多年努力，我国海洋新药取得显著发展。目前，我国已知药用海洋生物约 1000 种，分离得到天然产物数百个，制成单方药物十余种，复方中成药近 2000 种；获国家批准上市的海洋药物有藻酸双酯钠、甘糖酯、河豚毒素、角鲨烯、多烯康及盐酸甘露醇等近 10 种；另有获“健”字号的海洋保健品数十种。在抗肿瘤海洋药物方面，我国正在开发 6-硫酸软骨素，海洋宝胶囊，脱溴海兔毒素，海鞘素A、B、C，扭曲肉芝酯，海王金牡蛎、909胶囊、长刺海星苷、大田软海绵酸制剂和膜海鞘素等药物。在开发海洋抗病毒、抗菌及抗炎药物方面也取得较显著成就。诸如，从海洋足虫提取的分子量30 KDa半乳糖凝集素，能阻断感染HIV细胞间的融合过程。玉足海参素渗透剂等海洋抗菌药物，海参中提取的海参皂苷抗真菌有效率达88%，是人类历史上从动物界找到的第一种抗真菌皂苷。[①]

我国水产品用于水产饲料与海洋生物药品的数量，可通过《中国水产品消费动向统计分析》一文窥见一斑，该文指出，2009年用作工业原料的水产品为344.85万吨，占当年水产总量的7%。所谓工业原料消费部分是指水产品可用于加工动物蛋白(包括鱼粉)、助剂、添加剂和医药保健品等。因此，水产饲料与海洋生物制药占这一部分消费的绝大多数。

海洋生物资源的利用，除了上述几个主要方面外，还有广泛用途。植物类中以褐藻为例，从其提取的褐藻胶，用在农业上，可做杀虫剂、促生长剂、保水剂等；褐藻胶可以制成活性染料、分散性染料、酸性染料、碱性染料和醇溶性染料；用在印染工业上，褐藻胶可作为造纸工业的上浆剂、填充剂、涂层剂等；用在橡胶工业上，可做橡胶浓缩剂、耐油剂等；用在机械工业上，做焊接剂和切削剂；用在日用化工上，可做美容美发剂、洗涤剂等。此外，褐藻胶在石油、采矿、建材、陶瓷等工业上也有重要用途。海洋动物亦可作为各式各样的工农业原料，一些鱼类、珊瑚还可作为观光和装饰之用。科学工作者还在研究利用海洋动物的一些特有生理机能和生化特点，如海洋鱼类和哺乳类的游泳能力、回声定位和体温调节，以应用到相关的海洋设备之中。

总之，我国对海洋生物资源的开发利用涉及方方面面，它们不仅为我们的生存提供了基本的食物、药物，给我们的生活增添了更多色彩，而且还支持着我国持续健康地发展。海洋生物资源已成为与人们生活紧密相连的一部分，在国民经济建设中起着越来越重要的作用。目前，我国虽然对海洋生物资源开发利用的程度日益加深，但是还有许多未挖掘或有待完善深化的资源。

---

① 孙继鹏等：《海洋药物的研发现状及发展思路》，载《海洋开发与管理》，2013年第3期。

因此，我们可以说，由海洋生物资源构成的海洋生物资源空间为我国的进一步发展提供了广阔天地。

中国海洋生物资源空间的危机与维护

随着我们利用海洋生物资源能力的提升，海洋生物资源空间得到不断拓宽。但是，我们在开发利用海洋生物资源空间的同时，一系列问题也相伴而生。例如海洋生物多样性下降、海洋渔业资源衰退、生态遭受破坏、环境日趋恶化以及海洋生物资源的利用水平不高。如果这些问题不能受到重视，任其蔓延，那么海洋生物资源空间的开发将难以发展，甚至倒退收缩，我们寄希望海洋生物资源来支持我国持续发展的梦想也将要破灭。所以，要高度重视海洋生物资源空间开发中存在的问题，并积极采取措施以维护海洋生物资源空间的健康发展。

一、海洋生物资源空间面临的危机

(一)海洋生物多样性下降

生物多样性是指栖息于一定环境的所有动物、植物和微生物物种，每个物种所拥有的全部基因以及它们与生存环境所组成的生态系统的总称。生物多样性反映生物有机体及其赖以生存的生态综合体之间的多样性和变异性。李太武主编的《海洋生物学》将其分为物种多样性、遗传多样性和生态系统多样性三个基本层次。

物种多样性强调生命有机体的多样化，即物种种数。不同的环境往往孕育了不同的物种，海洋环境复杂多样，因此海洋生物物种比陆地更为丰富，据统计，全球海洋生物物种总计可能有约 100 万种，其中 25 万种是人类已知和描述的。我国海洋生物物种也十分丰富，已描述的超过 28 000 种。遗传多样性的焦点在于遗传变异，自然界中有众多影响 DNA 准确复制的因素，从而导致遗传变异。随着变异的积累，遗传多样性变得日渐丰富。遗传变异是生物适应自然变化的结果，亦是其顽强生命力的体现。生态系统多样性是指生物体及与之相互作用的非生物环境构成的生态系统的多样性。诸如近海生物群落、河口生物群落、大洋生物群落、珊瑚礁生物群落等。

我国海洋生物资源不合理的开发利用，导致海洋生物量急剧下降，有些濒临灭绝。如大黄鱼已很难捕获，小黄鱼、带鱼也严重锐减。除鱼类外，每年有大量东方鲎和海龟遭到捕杀；中华白海豚近年来数量骤减，已成为濒危物种；斑海豹、库氏砗磲、宽吻海豚、江豚、克氏海马、黄唇鱼等国家保护动物也遭到人类过分捕捞。由于物种遗传需要足够的有效群体数量，如果生物量急剧减少，那么海洋生物将面临丧失遗传多样性的危险，并导致适应性、群体数量及繁殖能力等多方面的下降。

（二）海洋渔业资源衰退

我国海洋渔业资源衰退与过度捕捞紧密相关，虽然我国从 1999 年就采取了捕捞量“零”增长的措施，但是捕捞基数大，即便是“零”增长，每年的捕捞量还是超过捕捞的最大可持续量，亦即长期处于过度捕捞的状况，如此势必造成渔业资源衰退。20 世纪 70 年代后期起，我国的海洋资源开始下降。先是黄渤海资源严重衰退，进而是东海资源告急，传统经济鱼类资源有的已处于衰退状态，南海渔业资源的更新也不理想。

黄、渤海捕捞渔业的最大可持续产量为 103 万吨，1986 年首次超过该数量，达到 104. 3 万吨，之后持续增长到 1999 年的 510. 2 万吨。进入 21 世纪以后，黄、渤海海洋捕捞产量趋于稳定并呈现下降趋势，但仍维持在最大可持续量的 4. 3 倍以上的高过度捕捞水平。由此造成了渔业资源的锐减，黄海中部深水区曾是以小黄鱼为主的多种鱼、虾构成的复合渔场，1997 年时在北纬 34°以北，小黄鱼已经相当稀少。鳕鱼等鱼类也因过度捕捞而正在衰竭。

东海渔业资源的持续渔获量约为 400 万吨，1995 年首次被突破，达 437. 8 万吨；2000 年达到最高水平，为 550. 6 万吨；之后有所下降，但仍维持在最大可持续产量 1. 3 倍以上的水平。这种过度捕捞的结果，从近些年的主要捕捞种类的产量统计和渔获物的生物学测定来看，渔获物中大黄鱼、小黄鱼、带鱼等优质种的比例下降，主要捕捞种类小型化、低龄化，幼鱼比例越来越高，在生物链中处于低营养层次的种类所占比重明显增加。

南海北部和北部湾的潜在渔获量合计为180万~190万吨，20世纪80年代随着机动渔船数量的增长，海洋捕捞量也直线上升，1992年首次突破潜在渔获量，达206.8万吨；之后逐年上升，2002年达到358.8万吨。过度捕捞同样导致了该海域资源严重衰竭，渔获物向小型化和低值化转变，优势种类渔获率明显下降，资源密度也不断缩小。①

（三）生态遭受破坏

地球上的生物都处于生态系统之中，所谓生态系统即指在一定空间和时间范围内，动物、植物、真菌、微生物构成群落和非生命环境因子之间，通过能量流动和物质循环而形成的相互作用、相互依存的动态复合体。任何一种生物都是某个生态系统的参与者，都有其在生态系统中的作用，换言之，即任何一种生物都居于一定的生态位。因此，生物物种的变化会影响到生态链上的其他物种，乃至传感到整个生态系统。

滨海湿地、红树林、珊瑚礁与上升流并称最富生物多样性的四个海洋生态系统。国家海洋局在2002年组织开展了全国典型海洋生态系统调查显示，随着沿海地区海岸带、浅海和海岛资源的盲目开发利用，我国海洋生态遭受严重破坏。

1. 滨海湿地生境锐减

滨海湿地被喻为“地球之肾”。作为典型生态系统，滨海湿地起着重要的环境调节作用，包括控制温室效应，供野生动物栖息，蓄水调洪，地下水补给和排泄，养分滞留、去除和转化，净化水质，削减海流、降解沉积物等。近些年来，石油开发和围垦填海等人为活动导致我国滨海湿地丧失严重。

2. 红树林生境破坏

红树林是海洋高生产力生态系统和优美的自然地理生态景观，是护岸、护堤、防冲刷、防风暴潮的天然屏障。红树林生境已成为中国东南沿海生命维持系统的关键组成部分，河口生态系统重要的第一生产力之一，是调节河口生态系统平衡的重要因素。红树林拥有丰富而适宜的环境，是近海经济鱼、

---

① 傅秀梅、王长云：《海洋生物资源保护与管理》，北京：科学出版社，2008年，第138-141页。

虾、蟹、贝类的主要繁殖地。红树林碎屑是河口和浅海渔业高产的重要原因。但是不合理的开发利用导致红树林湿地资源急剧减少，至2002年，红树林面积已经不足1.5万公顷，减少了73%。

3. 珊瑚礁生境丧失

珊瑚礁也是海洋高生产力生态系统。珊瑚礁为丰富的鱼类及底栖生物提供了最佳的生境。珊瑚礁还具有良好的防潮防浪、固岸护岸作用。由于过度捕捞以及大量的珊瑚开采活动，使近岸海域珊瑚礁受到严重破坏。以海南岛为例，20世纪60年代海南岛沿岸的珊瑚礁分布面积约有5万公顷，岸礁长度1209.5千米。到1998年，面积变为2.22万公顷，岸礁长度变为717.5千米，分别减少355.57%和59.1%。

此外，还有海草床呈现退化甚至消失的趋势，以及鱼类产卵场、育幼场遭受严重破坏的现象。由此可见，我国海洋生态系统整体处于脆弱的状态，亟待采取有效措施加以保护和修护。①

（四）环境日趋恶化

环境是指某一事物的周边情况，从生物学角度来说，指的是生物生活周围的气候、生态系统、周围群体和其他种群。每种生物都构成自身以外其他生物的环境，它是在特定范围的独立，综合所有的生物，亦即从整体环境来看，每一种生物都是环境的有机组成部分。生物是环境的重要成分，它们的变动也就意味着环境的改变。但是，环境毕竟范围更大，它还包含非生命因素，环境是生物的基础，环境的变化影响着生物的生存、分布与演化。

环境污染是当前环境的一个突出问题。我国海水污染的源头主要有陆地排放、海上作业、海洋倾倒、海上交通和海水养殖等。随着人类生产、生活水平的提高，各种污染物纷纷涌向海洋，陆源污染物是造成近岸海域环境污染的主要原因。特别是河口、海湾和大中城市成了污染物的集中区，诸如大连湾、辽东湾、渤海湾、胶州湾、连云港附近海域、长江口附近海域、杭州湾、厦门附近海域、珠江口附近海域等污染严重。随着污染物的向外扩散，

① 傅秀梅、王长云：《海洋生物资源保护与管理》，北京：科学出版社，2008年，第128-130页。

致使受污海域面积持续增加。据国家海洋局对54条主要入海河流污染物排海状况的监测，显示入海的污染物主要有化学需氧量(1582万吨)、氨氮(以氮计，32万吨)、总磷(以磷计，23.6万吨)、石油类(8.1万吨)等。①

改革开放后，随着经济的飞速发展，我国对能源和交通的需求与日俱增。为解决能源问题，我国加大了海洋石油的勘探与开采，因此，近些年来海上油田的溢油、漏油事故屡见不鲜。同时，我国还加大了海外石油的采购，油船运输中的事故也时有发生。进出口贸易量飙升，促使海上交通繁荣，而主要的交通航道也成了一条条的油污带。

以前一直未受重视的海水养殖污染问题，现在变得越来越严峻。由于我国海洋捕捞长期处于过度利用，为维持渔业的可持续发展，实施了严格的“零增长”措施。但是我国对海洋生物资源的需求却在不断增长，为满足需求，我们只能寄托于海水养殖，2003—2012年我国海水养殖产量增长了50%，2012年的海水养殖量几近海洋捕捞产量的1.2倍。海水养殖规模的扩大进一步加剧了海水污染，一方面是投放的饵料与生物排泄物的堆积使得水体富营养化；另一方面是养殖病害频发造成大量饲养生物的死亡，这也使海水水质受到污染。

(五)海洋生物资源的开发利用水平不高

海洋生物资源的开发利用水平主要可从海洋生物获取和水产品加工水平来观察。以海洋捕捞的情况看，据联合国粮食和农业组织报告，2016年，世界有5960万人在捕捞渔业和水产养殖初级部门从业，其中，1930万人从事水产养殖，4030万人从事捕捞渔业。中国从业人数最多，近占世界总数的1/4，达1440万人，940万人从事捕捞渔业，500万人从事水产养殖。②

由此可知，中国从事渔业的人口数量极为庞大，但一国渔业作业水平通常还是要看其人均产量。2016年全球捕捞渔业产量9090万吨，海洋捕捞总量

---

① 国家海洋局海洋发展战略研究所课题组：《中国海洋发展报告(2013)》，北京：海洋出版社，2013年，第155页。

② 联合国粮食及农业组织：《2014年世界渔业和水产养殖状况：机遇与挑战》，第31-32页。《2018年世界渔业和水产养殖状况：实现可持续发展目标》，第30页。

7930万吨，内陆水域捕捞1160万吨。中国海洋捕捞产量1525万吨，内陆水域捕捞232万吨，合计1757万吨。通过计算可知，世界捕捞渔民人均产量为2.26吨，我国是1.87吨，与世界的整体水平还有一定距离，不过呈现进步的趋势。《2013中国渔业统计年鉴》显示，2012年中国水产捕捞量为1619万吨，捕捞渔民人均产量为1.75吨，而同期世界捕捞渔民人均产量是2.3吨。[①]

机动渔船的使用率还反映了有关设备的不足。2012年全球渔船总数量约为472万艘，320万艘在海洋作业，海洋机动渔船占70%。我国投入的渔船几近107万艘，是世界总量的22.67%，但海洋渔业机动渔船只有28万艘，仅为世界总量(224万艘)的12.5%。2016年世界渔船总数估计为460万艘，发动机驱动的渔船数量估计为280万艘，机动船占渔船总数的61%。我国渔船总数101万艘，机动渔船65万艘，机动渔船中，海洋渔业机动渔船26万艘，机动船比率远不及世界平均水平。[②]

如果说近海捕捞产量是受中国近海渔业资源衰退以及“零增长”措施的限定，而不好据此评判中国的捕捞水平的话，那么远洋渔业对世界各国是比较公平的，远洋渔业的情况可客观地看出我国的开发水准。据专家估计，“在2.5亿平方千米公海中，每年可持续的捕捞量大约为2亿吨。而目前我国每年在公海中的捕捞量才100多万吨，仅占全球总捕捞量的1.5%左右”[③]。由于我国远洋渔业起步晚、配额数量有限，以及技术水平的限制造成了我国远洋生物资源开发的不足。

水产品加工主要存在粗犷加工和资源浪费的问题。我国水产品加工的比例已达37%左右，但是与发达国家60%~90%的加工比例相比依然存在巨大差距。目前，我国水产品加工业仍以粗加工为主，产品结构以冷冻为主，占水产加工品总产量的55%以上，精、深加工比例很低。同时，资源浪费现象

---

① 农业部渔业局：《2013中国渔业统计年鉴》，北京：中国农业出版社，2013年，“2012年全国渔业统计情况综述”。联合国粮食及农业组织：《2018年世界渔业和水产养殖状况：实现可持续发展目标》，第2、9、16页。

② 农业部渔业渔政管理局：《2017中国渔业统计年鉴》，北京：中国农业出版社，2017年，“2016年全国渔业统计情况综述”。《2018年世界渔业和水产养殖状况：实现可持续发展目标》，第35页。

③ 陈煜：《福建远洋渔业纵身深蓝》，载《经济日报》，第11版“海洋经济”，2015年5月11日。

也比较严重。有数据表明，水产品加工后尚有390万吨左右的废弃物尚未得到充分利用，而这些废弃物中仍含有大量蛋白质、高度不饱和脂肪酸、有机钙、甲壳素等多种营养成分和活性物质，如何利用是体现加工水平的一个重要方面。①

由此可见，我国在开发利用海洋生物资源中存在诸多问题，它们影响着我国海洋生物资源的可持续利用量。这些问题有资源的开拓来源方面，也有资源的加工消费方面，而造成这些问题的主要原因在于人的因素。因此，加快出台和完善各项海洋生物资源的保护措施势在必行，只有如此，海洋才真正称得上是我国持续健康发展的潜在空间。

二、海洋生物资源空间的维护举措

为解决海洋资源开发利用中的问题，我们须从各个方面，采取各种手段多管齐下方能见效。诸如，在资源获取方面要强调可持续原则，资源加工使用中要秉持充分利用，在空间生态环境方面须明确整体的联动性，政策制定上要以海陆统筹的思路为指导。各项举措实施的最终目标是为了提高民众的海洋认知水平，进而形成保护海洋生物资源的自然意识。

（一）海洋生态环境保护

海洋生态环境承载压力不断加大，《全国海洋经济发展“十三五”规划》明确提出“坚持开发与保护并重，加强海洋资源集约节约利用，强化海洋环境污染源头控制，切实保护海洋生态环境”。规划的总体目标中还要求“实施严格的海洋生态红线制度，推进海洋生态环境整治与修复”，统筹陆海环境保护与防治，强化海洋生态建设，长江、黄河、珠江等重要河流入海口和渤海等重点海域的水质有所改善。海洋生态文明建设取得显著成效，形成陆海统筹、人海和谐的海洋发展新格局。

为实现上述目标，应坚持海陆统筹、河海兼顾，完善海洋生态环境保护协调合作机制。继续推进海洋环境监测网络建设，提升装备能力和技术水平。提高海洋污染防控力度，编制实施近岸海域污染防治规划和主要入海河流河

① 唐启升：《水产学学科发展现状及发展方向研究报告》，北京：海洋出版社，2013年，第188页。

海统筹规划，大力实施渤海环境保护总体规划等专项规划，加强污染源治理和监督性监测。加强海洋环境风险管理和防控能力建设，完善海洋环境影响评价制度，制定海洋环境风险、灾害风险评估规范和技术标准。对于海上石油勘探开发等新建项目，要严把环评审批关，不得批准不符合海洋环境保护规划要求的项目。建立海洋工程灾害风险评估机制，对于在建和已建项目，要定期开展环境风险排查整治。建立健全海洋生态损害赔偿和损失补偿制度。加大海洋污染监督执法力度，强化海洋生态监控和生态灾害管理，重点对典型海洋生态区、核电和危险化学品集聚区、城市相邻海域、临港临海产业园区和重大工程建设、海洋倾废实行实时和全过程环境监管，加强海漂垃圾整治。建立海上石油勘探开发溢油事故责任追究制度。强化海洋生态建设和海洋保护区管理，编制实施海洋生态保护与建设规划。加强海岸带综合治理，统筹规划海岸带整治修复工作。高度重视海岸湿地及近海特别是滩涂、红树林、珊瑚礁以及生物多样性等保护，严格控制开发占用湿地，制订并实施海洋珍稀物种专项保护行动计划，推进受损海洋生态系统修复，建设海洋生态文明示范区。

（二）严格近海捕捞、发展远洋渔业

为缓解近海的捕捞承载压力，《全国海洋经济发展“十三五”规划》指出了清晰的行动方向，“严格控制近海捕捞强度，实行近海捕捞产量负增长政策，严格执行伏季休渔制度和捕捞业准入制度”，“发展远洋渔业，完善加工、流通、补给等配套环节，延长产业链，提高远洋渔业设施装备水平，建造海外渔业综合服务基地，鼓励远洋渔业企业通过兼并重组做大做强。”

强化渔业资源保护管理，推进海洋捕捞渔民转产转业，加强人工鱼礁和海洋牧场建设，实现海洋渔业可持续发展。积极发展过洋性渔业，继续加快开拓大洋性渔业，提高大洋渔场环境及渔情速报等预测预报能力，加强新资源、新渔场的调查与探捕，稳妥推进极地海洋生物资源利用。加强远洋渔业装备和技术研发，积极推动海洋渔船标准化更新改造，培育一批具有国际竞争力的远洋渔业企业和现代化远洋渔业船队。推进海外渔业基地建设，形成集产供销和后勤补给为一体的海外陆上后勤基地。继续完善相关扶持政策，支持远洋渔业发展。

（三）发展生态养殖

在我国推行严格捕捞制度的背景下，水产养殖就必然成为我国水产品的支柱来源，因此，水产养殖的地位极为重要，不能削弱。为了解决水产养殖带来的生态环境问题，我们必须走一条生态养殖的道路。

要合理调整拓展养殖空间，加快推进标准化健康养殖。合理控制、科学规划近海养殖容量，积极拓展深水大网箱等海洋离岸养殖，支持工厂化循环水养殖，推广应用健康养殖标准和模式，不断优化养殖品种结构和区域布局。发展与海水养殖业相配套的现代苗种业，加强水产新品种选育，提高水产原良种覆盖率和遗传改良率。加快水生动物疫病防控和质量安全检验监管体系建设。因地制宜发展海洋滩涂农牧林业等新型业态。

同时，还要强化养殖环境监督管理，实施养殖水质监测、环境监控、渔用药物生产审批和投入品使用管理等各项制度。严格执行养殖水产品用药标准，合理投放饵料，禁止水塘污水直接排放入海，以减少海水养殖带来的污染。对养殖引进新品种进行严格的科学管理，防止其带来生态环境的破坏。

（四）水产品精深加工

要大力提高水产品加工水平以提升水产品利用率，尤其是副产品的加工利用。渔业副产品具有很高的利用价值，除了用于制作鱼粉外，头、骨架和鱼片的边角料可转化用于食用，例如鱼香肠、鱼糕、鱼胶和鱼露。鱼内脏和骨架用于作为蛋白水解物的潜在来源，鲨鱼软骨用于许多药物治剂，制成粉、膏和胶囊，鲨鱼的其他部分，例如卵巢、脑、皮和胃也这样利用。鱼胶原用于化妆品，也用于食品加工业，作为从胶原提取的明胶使用。产于对虾和蟹壳的甲壳素有广泛用途，例如水处理、化妆品和卫生间用品、食品和饮料、农药和药品。来自甲壳类的废物可提取色素（类胡萝卜素和虾青素）用于制药业，可从鱼皮、鳍和加工的其他副产品提取胶原。贻贝壳可为工业用途提供碳酸钙。牡蛎壳是房屋建筑和生产生石灰的原料。对海绵、苔藓虫和刺细胞动物的研究发现了大量抗癌药。[1]

因此，我们要积极发展水产品精深加工，“以水产品加工技术研发体系为依托，不断提高技术创新和成果转化能力，增强质量安全意识，培植壮大一批加工装备先进、人员素质过硬、管理水平一流、带动能力强的现代化水产品加工龙头企业，促进水产品加工业集群式发展”[2]。还要不断优化产业结构，鼓励海洋生物制药业的大力发展，不断提升海洋生物新药的研发能力，建立以海洋糖类药物为特色的海洋创新药物体系。

（五）法律、经济手段

法律和经济手段都是从国家层面而言，是国家维护海洋生物资源空间的重要途径。目前，我国已相继出台了一些法律法规，在防止海洋污染方面有《中华人民共和国环境保护法》《中华人民共和国海洋环境保护法》《中华人民共和国防止船舶污染海域管理条例》《中华人民共和国防治陆源污染物污染损害海洋环境管理条例》《中华人民共和国海洋倾废管理条例》等。在海洋生物开发利用方面有《中华人民共和国渔业法》《中华人民共和国海域使用管理法》《中华人民共和国海洋自然保护区管理办法》和《中华人民共和国海洋捕捞渔船管理暂行办法》等。但是综合来看，现行涉海法律强调了对海洋某些特定资源的保护和某些污染的防治，但不论是对海洋生态系统生物成分的保护还是对非生物成分的保护都不全面，更谈不上将它们按海洋生态系统规律有机地协调起来。所以，我国海洋法律还有待进一步完善。

经济调节可起到有效引导。完善海洋资源使用有偿制度，鼓励创新利用，遏制过度开发，并将征收的费用投入到生态环境的补偿之中。完善、落实削减捕捞能力的渔业补贴，防止渔民因大量减少捕捞带来的生活困难。同时还要做好渔民的转产转业，一定时期内要给予资助、贷款、减税免税等方面的经济扶持。

（六）提高国民海洋意识

各项措施的制定及落实都在于人，只有全社会的海洋意识提高了，海洋

---

① 联合国粮食及农业组织：《2014 年世界渔业和水产养殖状况：机遇与挑战》，第 45 页。

② 国家海洋局海洋发展战略研究所课题组：《中国海洋经济发展报告（2013）》，北京：经济科学出版社，2013 年，第 165 页。

生物资源空间开发利用中的问题才有根本解决的希望。提高国民的海洋意识，要加强对海洋生物资源与环境保护宣传与教育的力度。宣传教育对海洋资源与环境保护的影响将是深远的。教育使人们充分认识海洋环境保护的重要性，使全社会懂得海洋环境保护需要每一个社会成员的参与。这是海洋资源环境保护的根本保证。每一社会成员都是物质产品的消费者，其消费方式的选择会对海洋环境产生不同的影响；同时社会成员又分别以不同身份参与政府、企事业单位的社会行为。在决策时考虑环保要求，在行动中贯彻国家环保政策和法律，则可在全社会形成自觉的海洋资源环境保护道德规范，有助于增强企业和公众参与海洋资源与环境管理的能力。这对于保护海洋环境、永续利用海洋资源、实现可持续发展具有根本性意义。①

在宣传教育中，首先要重视“蓝色国土”意识的普及。中国传统的领土教育着重强调960万平方千米的陆地，对海洋领土与管辖海域重视不够，致使国民海洋意识淡薄。其次要宣传海陆整体、生态一体的海洋发展观，从更高的角度，结合当前与长远利益进行海洋生物资源开发，防止形成短视、狭隘的海洋功利观。第三，宣传教育要从细处着手，并持续不断地进行下去，不能搞形式主义，要切切实实地落实。诸如，在生活中可制作、播放更多以海洋为主题的音像作品，城市外观装饰、工艺品、卡通形象等可大量采用海洋生物。第四，要积极创造条件让国民切身接触海洋、感受海洋，只有经过实践，人们才能真正体会海洋的魅力。

综上所述，我国海域辽阔，有适合海洋生物繁殖生长的优越条件，海洋生物资源丰富，资源空间分布多样性强，是我国持续健康发展的潜在基础。为了维护海洋生物资源空间的健康，真正发挥海洋生物资源对我国在21世纪发展的支撑作用，我们必须正视海洋生物资源开发利用中的问题，并即刻采取应对措施。

① 傅秀梅、王长云：《海洋生物资源保护与管理》，北京：科学出版社，2008年，第207页。

第四章

海水与海洋矿产资源空间

无水不成海，烙在人们脑际中的海，第一印象就是那一望无际的水体，在生产力水平极为落后的时代，水阻碍了人类活动，它成了人类难以逾越的界线。随着生产力水平的提高，在求生欲、求知欲以及冒险精神的鼓舞下，人类跨上了海洋的征程，水——原本是天然障碍，如今却成了连接人们的纽带。人类对海的认知，也从单纯的水，到海洋中的生物，水体中的物质，海底下的自然资源，海的形象越来越丰满。本章着力探讨我国当前面临的生存发展中的资源压力，开发利用海水、海洋矿产资源的现状及其潜在的空间。

我国严峻的资源形势

中华人民共和国成立后，我国经济取得了辉煌成就，尤其是改革开放以来，随着经济的快速发展人民生活水平不断提高。与此同时，我国对资源的消耗也在逐年飙升，日益枯竭的资源成为制约我国持续发展的瓶颈。

一、水资源现状

水是生命构成的基本元素，是人们生活中不可或缺的物质。人类生产也离不开水，除了我们熟知的农业用水外，工业亦是用水大户，有些用于工业冷却，还有作为原料、锅炉用水等。从《2016 中国水资源公报》的数据来看，我国生产用水居于绝大多数，“2016 年，全国用水总量 6040. 2 亿立方米。其中，生活用水 821. 6 亿立方米，占用水总量的 13. 6%；工业用水1308. 0 亿立方米，占用水总量的 21. 6%；农业用水 3768. 0 亿立方米，占用水总量的 62. 4%；人工生态环境补水 142. 6 亿立方米，占用水总量的 2. 4%”。由此可知，我们的生活、生产都与水紧密相关，但是，当前我国的水资源形势令人担忧。

我国面临着严重的水资源短缺问题，目前我国人均水资源量只有 2100 立方米，不到世界人均水平的 1/3。沿海地区，约 2/3 的省市人均水资源量低于 1700 立方米的用水紧张线，多个省市甚至处于 500 立方米以下的重度、极度缺水境地。这是由于我国人口数量庞大，以及辽阔的疆域，多样的地理、气候类型等因素，自然形成水资源分布不均衡的状况，南方水量较为充沛，北部次之，再次之为西部，由此造成部分地区资源型缺水。为了弥补用水不足，一些地区大量开采地下水。其中河北、北京、河南、山西和内蒙古五省(自治区、直辖市)地下水供水量占总供水量的50%以上。沿海地区过度的地下水开采，势必造成地面沉降、地下水漏斗以及海水入侵等一系列问题。

资源型缺水是自然形成的，不易逆转，但是目前人为的破坏因素在我国水资源危机中日益凸显，亦即水质型缺水十分普遍。由于人们对水资源的保护意识还不够强，工农业生产中大量的污水排放，致使我国大面积的水体受到破坏，水源受污染。《2016中国水资源公报》显示，分布于松辽平原、黄淮海平原、山西及西北地区盆地和平原、江汉平原等重点区域地下水水质监测井，“2104个测站监测数据的地下水质量综合评价结果显示：水质优良的测站比例为2.9%，良好的测站比例为21.1%，无较好测站，较差的测站比例为56.2%，极差的测站比例为19.8%”。水体污染进一步削减了有限的水资源，加剧了我国水资源短缺的形势。

二、矿产资源形势

随着人口的增长、人们生活水平的提高，以及经济建设的不断推进，我国对矿产资源存在巨大的需求。目前，我国矿产资源有如下几个特点。首先是总量丰富，矿种齐全，人均不足。我国地域辽阔，不同的地理环境孕育了丰富多样的矿产资源，已发现的矿产资源有170多种，其中近160种查明储量，我国诸多矿产资源的储量也都居世界前列。然而，中国人口众多，人均占有量稀少。因此，《国土资源“十三五”规划纲要》指出要“以油气、铀、铁、铜、铝等我国紧缺战略性矿产为重点，合作开展我国及沿线国家成矿规律研究和潜力评价”。

其次是贫矿多、富矿少，大宗、战略性矿产严重不足。在能源矿产中，煤炭资源比重大，油气资源比重小。中国钨、锡、稀土、钼、锑等用量不大的矿产储量位居世界前列，而需求量大的富铁矿、钾矿、铜、铝等矿产储量不足。大矿、富矿、露采矿很少，小矿、贫矿、坑矿比较多，开采难度大、成本高。铁矿平均品位为33%，富铁矿石储量仅占全国铁矿石储量的2%左右，而巴西、澳大利亚和印度等国铁矿石平均品位为65%、62%和60%。中国铜矿平均品位为0.87%，不及世界主要生产国矿石品位的1/3。铝土矿储量中，98.4%为难选冶的一水铝土矿。

第三，共生伴生矿多，区域分布广泛、相对集中。中国80多种矿产是以共生、伴生的形式赋存的。钒、钛、稀土等大部分矿产在其他矿产中，1/3的铁矿和1/4的铜矿是多组分矿。从分布来看，能源矿产主要分布在北方，煤炭90%集中于山西、陕西、内蒙古、新疆等地。铁矿主要分布在辽宁、四川和河北等，铜主要集中在江西、西藏、云南、甘肃和安徽等地。产业布局与能源及其他重要矿产在空间上不匹配，加大了资源开发利用的难度。[①]

第四，资源供需矛盾不断加剧。随着经济长期平稳较快地发展，其对资源的需求也日益提高。即便如此，也未能满足快速的增长需求，矿产资源对外依存度不断提高，石油、铁矿石等大宗矿产均已超过50%。《国土资源“十三五”规划纲要》指出，要加强重要矿产资源保护，完善矿产地储备机制，加强对钨、稀土、晶质石墨等战略性矿产重要矿产地的储备，按照“稳油、兴气、控煤、增铀”的思路，加快推进清洁高效能源矿产的勘查开发。

三、开发利用海水、海洋矿产资源的急迫需求

我国当前发展中面临的无论是水资源，还是矿产资源的危机，都要求加大对海洋资源的开发利用。这是基于海洋资源的丰富与无限潜力，同时海洋也是目前我们力所能及的范围。

---

① 中华人民共和国国土资源部：《中国矿产资源报告(2011)》，北京：地质出版社，2011年，第11-12页。

海水资源包括水资源和海水中的化学资源，二者都极其丰富，海水总量占地球总水量的97%，达到13.7亿立方米。海水中富含矿物质，目前地球已知的100多种元素中，80%以上在海水中都可以发现，其主要元素有钠、钾、镁、钙、氯、溴、锶、锂、铀、氘等。以海洋的平均盐度35来计算，其蕴藏的化学资源总量高达4.8亿吨，虽然许多元素在海水中的含量极为微小，但是海水总量庞大，其储量也相当可观。对丰富的海水资源的开发利用，不单是缓解我国资源压力的有效途径，而且还可以拓展新的发展空间。

石油、天然气、煤、气体水合物等，在海洋中储量丰富，通过对其开发，一定程度上可满足人类对能源的巨大需求。除了能源资源外，还有海岸、浅海的砂矿与磷钙石，深海大洋底部的多金属结核，大洋海山附着的钴结壳，海底热液活动制造的硫化物矿，以及特殊海域的多金属软泥矿等。这些矿物通常都蕴藏着多种元素，通过提炼可获得不同的矿产资源，如此亦可减轻陆地矿产开采所带来的破坏。

加大开拓海洋资源空间还与当前我国产业战略调整有关。随着资源压力的迫近，政府转变了传统的发展模式，要走质量经济的“新常态”，优化产业结构、发展循环经济，重视资源的节约利用。在此背景下，各个地区，尤其是国家经济重心的沿海省份，积极推出各种发展规划，依托沿海区位优势，对接国家发展战略。

在沿海经济发展战略及相关产业结构调整规划的实施过程中，沿海地区纷纷发挥区域优势，将优势产业向沿海地区战略性转移，大力发展临港工业和临海产业集群。很多沿海省市利用海岸带优越的自然条件，以大型港口为重点，尽量将新建、扩建工业基础和生产设施选址在沿海一带布局，形成工业与港口相互依存依靠的临港工业群。①

临港工业和临海产业集群成为沿海省市经济发展的重要支柱产业，其中

① 侯纯杨：《中国近海海洋——海水资源开发利用》，北京：海洋出版社，2012年，第21页。

能源电力、石油化工、装备制造、钢铁、冶金等高耗水、高耗能行业成为临港工业的发展重点。而在沿海水资源与矿产资源短缺的形势下，利用海水与海洋矿产资源实为有效措施和必然之举。

与此同时，开发利用海水与海洋矿产资源所形成的新兴产业，恰是适应了国家产业结构调整，发展高新产业的战略要求。海水利用、海水淡化、海洋能源、海洋装备制造等产业皆是国家重点培育的新兴产业，它们成为经济的重要组成部分，还为其他行业提供紧缺的水与矿产资源。

海水资源空间开发利用现状

海水资源的开发利用，包括对海水和海水中的化学资源的利用，对海水的利用又可分为海水淡化和海水直接利用。

一、海水淡化

海水淡化即利用海水脱盐生产淡水，是实现水资源利用的开源增量技术，可以增加淡水总量，且不受时空和气候影响，可以保障沿海居民饮用水和工业锅炉补水等稳定供水。

海水淡化长期以来一直是海边及海上人群的梦想，在历史中留下了一些美好的故事。大规模地采用海水淡化技术应始于干旱的中东地区，第二次世界大战后，随着经济的复苏，能源资源的需求迅速飙升，大量国际资本流向中东，推动该地区经济与人口的增长，原本就严重缺水的状况进一步恶化。中东周边有地中海、红海、阿拉伯海，因而海水淡化成为该地区解决淡水资源短缺问题的现实选择，并对海水淡化装置提出了大型化的要求。海水淡化的方法主要有蒸馏法、冷冻法、电渗析法、反渗透法、太阳能蒸发法、溶剂萃取法等，当前，国际上广泛应用的是蒸馏法中的多级闪蒸、多效蒸馏以及膜分离法的反渗透海水淡化技术。海水淡化已取得良好效果，至 2018 年，世界上已有 120 多个国家在运用海水淡化技术获取淡水，全球有海水淡化厂 1.3 万多座，海水淡化日产量约 5560 万立方米，相当于 0.5%的全球用水量，可以解决 1 亿人的用水问题。

我国海水淡化技术的应用相对较迟，1958 年首先开展电渗析海水淡化的研究，1967—1969 年开展电渗析、反渗透、蒸馏法等多种海水淡化技术的研究，为海水淡化事业的发展奠定了基础。目前，我国的海水淡化技术已基本成熟，相关产业取得长足发展，淡化规模不断增长。据《2018—2023 年中国海水淡化产业深度调研与投资战略规划分析报告》数据显示，2016 年中国海水淡化设备市场投资规模 123. 5 亿元，2017 年上半年海水淡化设备市场投资规模

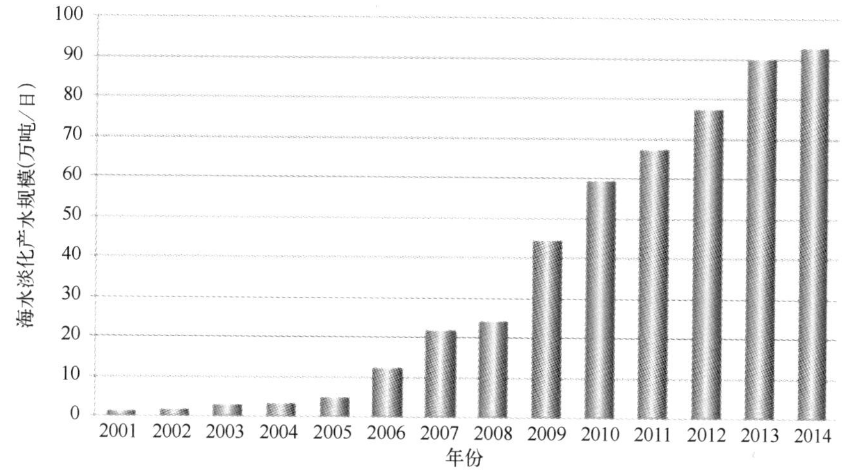

2001—2014 年全国海水淡化工程规模增长图(截自《2016 年全国海水利用报告》)

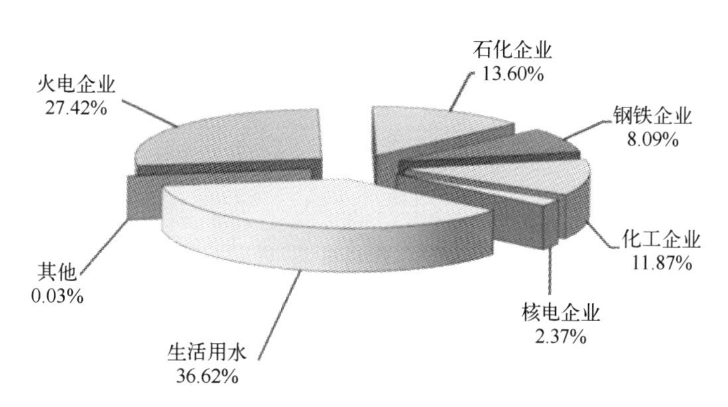

2016 年全国已建成海水淡化工程产水用途分布图(截自《2016 年全国海水利用报告》)

67亿元。截至2016年年底，我国海水利用产业继续保持快速增长，全年实现增加值超过14.85亿元，比上年增长接近7.4%。据《2016年全国海水利用报告》显示，“2016年，全国新建成海水淡化工程10个，新增海水淡化工程产水规模179 240吨/日”。“全国已建成万吨级以上海水淡化工程36个，工程规模1 059 600吨/日；千吨级以上、万吨级以下海水淡化工程38个，工程规模117 500吨/日；千吨级以下海水淡化工程57个，工程规模10 965吨/日。全国已建成最大海水淡化工程规模200 000吨/日。”

我国海洋淡化水，主要作为工业用水和海岛居民生活饮用水。据《中国近海海洋——海水资源开发利用》介绍，2010年年底已建成海水淡化工程的产水量，几乎都作为生活饮用水和工业用水。到2016年，从《2016年全国海水利用报告》可见，生活饮用水和工业用水占海洋淡化水总量的比例依然高达99.66%。

海水淡化工程在沿海九省市分布，主要是在水资源严重短缺的沿海城市和海岛。北方以大规模的工业用海水淡化工程为主，主要集中在天津、河北、山东等地的电力、钢铁等高耗水行业；南方以民用海岛海水淡化工程居多，主要分布在浙江、福建、海南等地，以百吨级和千吨级工程为主。

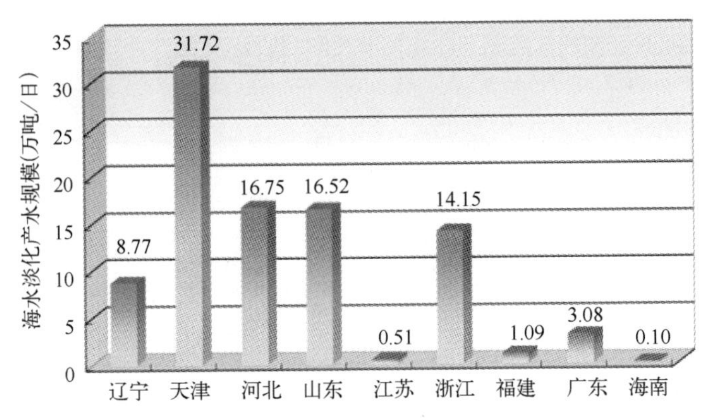

2016年全国沿海省市海水淡化工程分布图(截自《2016年全国海水利用报告》)

海水淡化是解决我国沿海工业用水，人民生活用水紧张的有效途径，同时也是缓解我国当前水资源短缺的应对之策，因而备受政府重视。“十三五”

规划明确提出要“推动海水淡化规模化应用”，《全国海水利用“十三五”规划》指出，“‘十三五’期间，水资源短缺依然是制约我国经济社会发展的主要因素之一”，“海水是重要的资源，海水利用是解决我国沿海水资源短缺的重要途径，是沿海水资源的重要补充和战略储备”，“因此要抓住机遇，突破核心技术和体制机制瓶颈，大力推进海水利用规模化应用，全面推进海水利用产业健康、快速发展”。由此可见，海水淡化事业受到我国政府的大力支持，海洋淡化水必将在人民的生活、生产中发挥越来越重要的作用。

二、我国建成的大型海水淡化工程

从《2016 年全国海水利用报告》来看，“截至 2016 年年底，全国已建成海水淡化工程 131 个，产水规模 1 188 065 吨/日；年利用海水作为冷却水量为 1201. 36 亿吨，新增海水冷却用海水量 75. 7 亿吨/年。”大型海水淡化工程是我国海水淡化水平的体现，在此有必要对一些重要工程做一介绍。

(一) 天津北疆电厂海水淡化工程

2004 年 3 月天津北疆电厂成立，2005 年 10 月，国家发改委等六部委联合发文将天津北疆电厂列入国家循环经济第一批试点单位。北疆发电厂采用“发电—海水淡化—浓海水制盐—土地节约整理—废物资源化再利用”的循环经济模式，符合减量化、再利用、再循环的要求，是一个资源利用最大化，废物排放最小化，经济效益最优化的典型的循环经济项目和生态工程。海水淡化工程是整个系统中的关键一环，目前北疆电厂Ⅰ期 20 万吨/日海水淡化装置已建成投入使用。

北疆电厂Ⅰ期海水淡化装置分两批建设，第一批于 2010 年竣工，第二批在 2012 年建成，每批海水淡化总规模都是 10 万吨/日。工程由以色列 IDE 公司负责设备设计、供应，有 8 台产能为 2. 5 万吨/日的单机装置，采用低温多效蒸馏工艺。海水淡化装置是一个密闭的真空工作环境，每一个装置长 175 米，内径 7. 7 米，共分为 14 效，工作温度为 40～70℃。海水淡化工程是一个逐级连续蒸发的过程。

2010 年，北疆电厂淡化水经国家资质认定的国家城市供水水质监测网滨海监测站监测，水质106项指标全部符合或优于《国家饮用水卫生指标》的规定，并取得天津市卫生局颁发的淡化水卫生许可证。淡化海水与自来水按1∶3的比例掺混后正式进入市政管网，大多数向滨海新区的企业和百姓供应，由此成为国内首个向社会供水的海水淡化项目。据报道，2013年北疆电厂淡化水每天进入市政管网水量约1.9万吨，每天计入中新天津生态城用淡化水3万吨，北疆淡化水利用总量约5万吨。按照配置方案，2014年北疆淡化水日产能将达20万吨，除每天自用的2万吨外，可每天对外供水18万吨。①

（二）天津大港新泉海水淡化项目

伴随着天津滨海新区开发开放大潮，中石化、中石油、中化工、神华集团竞相在大港投资，石化产业和现代化城市的发展对水资源提出了更大规模的需求。2005年5月，天津市大港区与新加坡凯发集团签署合作协议，由凯发集团独自投资7.5亿元兴建新泉海水淡化有限公司，开展海水淡化业务。海水淡化厂的设计、建造皆由大港新泉海水淡化有限公司负责。该项目是第一个被中国政府批准的非企业内部配套的独立项目，它打破了多年来海水淡化项目只能作为大型项目的配套而不能进入市场化运作的局面。

海水淡化厂位于天津市大港区海洋石化园区内，临近大港电厂，规划占地12公顷。该项目分两期建设，一期日产10万吨淡水工程于2009年7月建成，二期工程日产5万吨视需求情况开工，最终目标是实现日产15万吨淡水。大港新泉海水淡化项目采用膜法反渗透工艺，是我国目前采用这种工艺规模最大的海水淡化项目之一。淡化水主要的供应对象是园区内的工业用户，如2007年10月，中石化股份天津分公司与大港新泉海水淡化有限公司签订购水协议，中石化天津100万吨乙烯项目新增用水将采用后者淡化海水。

---

① http：//www.membranes.com.cn/xingyedongtai/gongyexinwen/2015-01-19/13235.html，2015年10月1日访问。

（三）青岛百发海水淡化有限公司

青岛市是淡水资源十分短缺的城市，为解决这一制约发展的瓶颈，市政府先后进行了大沽河应急供水数期工程和引黄济青工程建设。同时，青岛市还率先出台海水产业规划，2005 年年底就开始实施《青岛市海水淡化产业发展规划》。

在此背景下，2008 年年底，西班牙 Befesa 公司与青岛碱业股份有限公司、青岛海润自来水集团有限公司合资成立青岛百发海水淡化有限公司，投资 1.69 亿美元（11.3 亿人民币）开展海水淡化项目。青岛百发海水淡化厂位于青岛市李沧区印江路 2 号，占地面积约 4.3 公顷。该项目采用世界上先进的双膜法反渗透海水淡化工艺，设计生产能力为 10 万吨/日。工程于 2012 年年底已大致建成，2013 年处于调适阶段，按原定计划，项目建成后，每天将有 10 万吨淡化海水通过市政管网直接进入市民家庭，占到青岛市区供水量的 15%~20%。

西班牙 Befesa 公司是合资公司的最大股东，也是本工程主要资金和技术的提供者。该公司主营业务为水务和工业垃圾回收处理。其水业务包括海水淡化、饮用水、污水和回用水处理等，特别是在海水淡化领域处于世界领先地位，在西班牙、阿尔及利亚、印度和中国等建设了多个大型膜法海水淡化项目。

青岛百发海水淡化有限公司通过国际采购的形式，在全世界选择最先进的设备。主要设备是来自德国、日本、西班牙等国家的产品。

该海水淡化项目的三个主体构筑物包括滤水间、清水池和泵房。工程中能量回收率 95.4%，反渗透系统能耗 2.32~2.74 千瓦·时/米^3，总系统能耗 3.50~4.11 千瓦·时/米^3。反渗透后浓盐水的能量回收率可达 95%~97.7%，能达到较好的节能效果。

海水淡化工艺采用超滤–反渗透工艺，预处理采用微孔过滤+超滤系统。海水淡化工艺分为取水工程、预处理工程、反渗透海水淡化工程、后处理系统和浓盐水排放工程。日取海水量为 25.8 万~26.2 万吨。

海水淡化水资源来自胶州湾，淡化后产生的浓盐水与娄山河污水处理厂出水混合后排至胶州湾。该项目生产的淡化水成本价约为5~6元/吨，如能顺利并入市政管网，必将缓解青岛市用水紧张的局面，同时也可以为今后海水淡化产业的发展提供借鉴。

三、海水直接利用

海水直接利用主要包括工业用水、大生活用水与农业灌溉，海水的直接利用可以代替并置换出大量的淡水。经济发达国家较早在工业中应用海水，日本在20世纪30年代开始利用，目前几乎沿海所有企业，如钢铁、化工、电力等部门都采用海水作为冷却水，仅电厂每年使用的海水达几百亿立方米。美国在20世纪70年代初，海水占工业用水的20%，现今已超过60%，俄罗斯沿海地区电厂总用水量的50%以上也是用海水。全球用于工业冷却的海水总量已超过7000亿吨/日。

(一)农业利用

农业的用水量比工业更多，科学家在20世纪初就开始探讨如何将海水应用于农业灌溉。严重缺水的中东国家对此更为急迫，1949年，在以色列建国前，生态学家胡果·博卡(Hugo Boyko)、园艺学家伊丽莎白·博卡(Elisabeth Boyko)到伊莱特(Eilat)沙漠地区着手绿化环境，开发景观，以吸引移民到该地区定居。由于缺乏淡水，博卡夫妇直接从含盐较高的水井中取水浇灌一些植物，发现这些植物仍能生长，引起了他们对此研究的兴趣。[①] 此后美国学者在加利福尼亚、墨西哥的沙漠地区也开展实验，发现和培育了适盐生长的植物，可以在一定程度上替代淡水品种。

海水在农业中的应用充满希望，当前我国也在进行各种实验。诸如海蓬子、大米草等耐盐植物的栽培实验，以及虹豆、西红柿和水稻等经济作物和粮食品种的耐盐实验。由冯立田博士带领的研究团队最早从事毕氏海蓬子的引种栽培，这个团队从20世纪90年代初率先实践了中国的海水灌溉农业。目前毕氏海蓬子这一耐海水经济作物正逐步在中国沿海地区推广。

---

① 孙中晋、孙晶辉:《国外关于海水灌溉的探索》，载《山东水利》，2001年第10期。

（二）工业用水

我国海水直接利用主要在于工业领域，包括海水直流冷却、海水循环冷却、海水脱硫等方面。随着我国工业的发展，海水作为冷却用水也逐年攀升，2005 年还不到 500 亿吨，到 2014 年年底，年利用海水作为冷却水量就上升到 1009 亿吨。从沿海各省份的使用情况来看，2014 年，年海水利用量超过百亿吨的省份为广东省、浙江省、辽宁省和福建省，分别为 318.52 亿吨/年、253.58 亿吨/年、116.17 亿吨/年和 102.92 亿吨/年。

海水直流冷却以原海水为冷却介质，经换热设备完成一次性冷却后就直接排放。我国直流冷却的应用已有 80 年的历史，最早要追溯到 1935 年青岛电厂，该厂即采用海水进行冷凝器冷却、冲灰。这一时期，利用海水直流冷却技术的还有大连化工厂和大连石油厂。目前，海水直流冷却在我国沿海省份得到广泛应用。《中国近海海洋——海水资源开发利用》研究显示，电厂是海水直流冷却的最大用户，国内 70 多家电厂采用海水直流，大型电厂尤其是核电站海水利用量十分巨大，如大亚湾核电站海水直流冷却总规模高达 39 万吨/小时。其次是石化、化工行业，如大连石化公司炼油、催化裂化装置均采用海水直流冷却，总规模为 3.8 万吨/小时。

海水循环冷却是在海水直流冷却技术和淡水循环冷却技术基础上发展起来的，它是对海水的多次利用，比直流冷却技术更先进、环保。该技术在 20 世纪 70 年代开始研发利用，在一些先进国家已得到广泛推广。我国起步于 20 世纪 90 年代，经 20 多年的奋斗，许多技术都有了突破性的发展，并在生产中得以应用。《2016 年全国海水利用报告》数据显示，“截至 2016 年年底，我国已建成海水循环冷却工程 17 个，总循环量为 124.48 万吨/小时，新增海水循环冷却循环量 24.10 万吨/小时。2016 年，建成山东滨州魏桥电厂 4.10 万吨/小时海水循环冷却工程和山东国华寿光电厂 2×10.00 万吨/小时海水循环冷却工程”。

海水脱硫是一种以天然海水作为吸收剂脱除烟气中二氧化硫的湿法脱硫技术，是海水直接利用的一个重要领域。该技术适用于沿海火力发电厂、冶金、化工、造纸等行业的含硫烟气治理。我国是用煤大国，减少硫的排放是实现经济与环境协调发展的必然要求，传统的石灰石/石灰-石膏法烟气脱硫工艺因成本过高，许多企业难以负担。20 世纪末，海水脱硫技术在我国开始使用，其工艺简单、成本低、脱硫效率高，因而备受青睐。1999 年，深圳西部电厂 4 号机组采用海水脱硫工艺，引进挪威 ABB 海水脱硫技术，成功建成我国第一个电厂脱硫示范工程。我国首个应用自主海水脱硫关键技术和主要设备的是厦门华夏电力公司嵩屿电厂，该厂于 2005 年与中国东方锅炉集团签订了 4×300 兆瓦机组海水脱硫工程合同，2006 年建成并投入运营。

(三)大生活用水

大生活用海水是将海水作为城市生活杂用水，在我国应用比较成熟的是香港。从 20 世纪 50 年代开始，香港政府就注意引入海水冲厕，目前，这套海水供应系统已较为完善，有效保证大规模应用。据统计，香港该部分海水用量每天高达 74 万吨。

在内地，城市生活利用海水也日益受到政府的重视，国家海洋局天津海水淡化与综合利用研究所通过国家“十五”重大科技攻关项目——“大生活用海水技术研究与工程示范”。2007 年，该课题组在青岛胶南海之韵小区建成内地首个大生活用水示范工程。小区总建筑面积 46 万平方米，每日使用1000 多吨海水用于冲厕，每年可节约淡水 30 多万吨。海之韵小区海水利用还有成本低的优势，经计算，小区海水单位运行成本每吨约为 0. 627 元、单位制水总成本每吨 1. 061 元，比淡水和中水的费用低，有较好的经济效益，因而吸引了诸多项目的效仿。

在海之韵大生活用海水工程的示范作用下，其他房地产开发单位纷纷提出采用大生活用海水的要求，青岛绿岛嘴旧营房改造项目、索菲亚国际大酒店项目、安居海岸小区项目、胶南香槟海岸居民小区等项目都已就建设大生活用海水工程达成协议，厦门市翔安区 2 万吨/日生活用海水工程已完成预可行性研究，深圳、汕头、烟台等其他沿海城市在制定的海水利用规划中也纷纷提出了发展大生活用海水技术的具体计划和目标。这一切充分说明大生活用海水技术具有广阔的应用前景。采用海水作为大生活用水是缓解沿海城市淡水紧缺局面的有效措施。[①]

四、海水化学资源利用

海水中含有众多化学元素，它们以离子、分子和化合物的形式溶解在海水中，这就是我们所说的海水化学资源。在这些溶解物质中，除氢、氧外，还有氯、钠、镁、钙、钾、硫、溴、碳、锶、硼、硅、氟 12 种元素储量丰富，占溶解物质总量的30%以上，被称为海水中的常量元素。剩余的 60 多种元素，诸如锂、铷、碘、钼、锌、铀、铅、钒、钡、铜、银和金等，其在海水中的含量低，被称为微量元素。对这些化学资源的利用，就是要采取一定的提取技术，将其变成人类需要的化学品。

海水中的化学资源可广泛应用于生活、生产、军事等方面。我们熟知的利用历史最悠久、数量最多的当属海水制盐(氯化钠)。海盐除了作为食用外，还是制造烧碱、纯碱、盐酸、肥皂、染料、塑料等不可缺少的原料。镁是机械制造工业的重要金属材料。在飞机、船舶、汽车、武器、核设施的制造上都离不开镁。溴在工农业、国防和医学等方面广泛应用。在工业上可制造燃料抗爆剂，在农业上是杀虫剂的重要原料。锂，在冶金工业中可用作脱氧剂和脱气剂，也可用作铍、镁、铝等轻质合金的成分，还是有机合成中的重要试剂。铀是高能燃料，在经济建设中可用于建核电站；军事上可制造原子弹，用作核潜艇、核动力航空母舰的燃料。海水化学资源储量丰富，许多都是陆地资源储量的数倍，它们是人类持续发展的潜在空间。

从海水中提取各种物质的方法很多，归纳起来有四种：一是按物质溶解度不同，用蒸发结晶的方法进行分离提取，如提取氯化钠、氯化镁等；二是直接在海水中或浓缩的海水中加入其他化学药品来吸附、沉淀或萃取，如在海水中加入石灰乳，制取氢氧化镁；三是电解，如利用脱去镁、钙、硫的浓缩海水进行电解制取烧碱、氯、氢等；四是利用离子交换法使海水中各种元素直接分离出来。这四种方法可以单独使用，也可以相互结合，目前第一种

---

① http：//www. tech110. net/ImportScience/html/article_ 289. html，2015 年 10 月 5 日访问。

方法比较常用。[①]

我国十分重视海水化学资源的利用，目前海水制盐工艺已经成熟，在海水提溴、海水提镁方面已具备大量生产的能力，海水提钾、海水提铀也朝着产业化的方向迈进。海水晒盐法是我国海盐的主要制取方法，受天气的影响比较大，为减少雨水带来的损失，近些年发明了塑苫技术，将塑料薄膜覆盖在结晶池卤水上，防止雨水打入池子中。2004 年以来，我国海盐产量都在 2500 万吨以上，有的年份甚至高达 3800 万吨，占我国原盐总产量的三成左右，长期居世界第一位。以长江为界，我国海盐产区分为南北两部，北方占海盐产量的绝大多数，山东省是最大海盐产区。重要的盐场有天津长芦盐场、海南莺歌海盐场等。

我国海水提溴主要采用空气吹出法，从 20 世纪 60 年代提溴实验成功，到 90 年代形成产业化。海水提镁方面，不同品种氢氧化镁总的生产能力为每天 4.5 万~5 万吨，其方法主要有合成法与水镁石法。我国海水提钾主要致力于天然沸石法，"十五"期间开展的沸石法提取硝酸钾新技术的研究，具有原料来源广泛、工艺简洁、低成本、无污染等优势，该技术还完成了万吨级示范工程研究，为其走向产业化奠定了基础。

此外，我国还大力开展海水提铀、海水提锂等微量元素的研究。虽然海水中铀的浓度非常低，每吨海水平均只含 3.3 毫克铀，但是总量丰富，大约有 40 多亿吨，是陆地已探明储量的千余倍。海水提铀的方法主要有吸附法、离子交换法、溶剂提取法、共沉法、浮选法、生物富集法等，美国、日本、法国都是海水提铀的先进国家。我国从 20 世纪 70 年代开始研究海水提铀，主要采用吸附法，1972—1980 年在山东省青岛市麦岛建成了 700 平方米的海滨实验室，共从天然海水中提取了约 1000 毫克铀，但是当前还处于研发阶段，未能实现工业生产。

在海水提锂方面的研究，我国也取得了长足进步。世界海水中锂的储量为陆地的一万余倍，但因海水中锂浓度极低，给海水提锂带来极大困

---

① 时利英：《海洋化工》，长春：吉林出版集团有限责任公司，2012 年，第 107 页。

难。我国从 20 世纪 50 年代后期开始从盐湖卤水提取锂研究，并有少量生产规模。但海水提锂只进行了离子筛型氧化物吸附剂提锂研究。为了满足未来我国及世界对锂的巨大需求，我国应高度重视海水提锂研究，加大开发力度。①

海洋矿产资源空间的开发利用

海洋矿产资源是指除海水外蕴藏在海洋中的矿产，现在已开发利用，或是在做深入研究的有滨海砂矿，海洋油气资源和天然气水合物，海底磷矿床、热液矿床、富钴结壳，大洋多金属结核以及海底多金属软泥等。按矿产资源在海洋中的分布范围，可将海洋矿产资源分为海滨、浅海、深海几种类型。海滨储量丰富又具价值的是砂矿，浅海海底的矿产资源是指大陆架和部分大陆斜坡处的矿产资源，主要有煤、油气、天然气水合物。深海一般是指大陆架或大陆边缘以外的海域，主要包括多金属结核、富钴结壳、深海磷钙土和多金属硫化物等。在海洋矿产资源中，以海底油气资源、海底锰结核及海滨复合型砂矿经济意义最大。

一、滨海砂矿

砂矿，主要来源于陆上的岩矿碎屑，经河流、海水(包括海流与潮汐)、冰川和风的搬运与分选，最后在海滨或陆架区的最宜地段沉积富集而成。如砂金、砂铂、金刚石、砂锡与砂铁矿，及钛铁石与锆石、金红石与独居石等共生复合型砂矿。滨海砂矿用途很广，例如从金红石和钛铁矿中提取的钛，具有比重小、强度大、耐腐蚀、抗高温等特点，在导弹、火箭和航空工业上广泛应用。锆石具有耐高温、耐腐蚀和热中子难穿透的特点，在铸造工业、核反应、核潜艇等方面用途很广。独居石中所含的稀有元素，像铌可用于飞机、火箭外壳，钽可用在反应堆和微型电镀上。据统计，世界上 96%的锆石、90%的金刚石和金红石、80%的独居石和 30%的钛铁矿都来自滨海砂矿，故

① 王颖：《中国海洋地理》，北京：科学出版社，2013 年，第 438-439 页。

许多国家都十分重视滨海砂矿的开发。

我国海岸线漫长，拥有广阔的浅海，因此滨海砂矿储量丰富。我国海砂包括海岸带海砂、近岸浅海海砂和近海陆架区海砂，上述三大类海砂资源总量，初步估算为6799亿~6852亿立方米，陆架区海砂数量最大，但是与其他两种相比，开发利用难度较大。从矿物角度来看，经几十年的勘探，我国已探明的海滨砂矿的矿种达65种，其中具有工业开采价值的有钛铁矿、锆石、金红石、独居石、磷钇矿、磁铁矿和砂锡等13种。重要矿产地有上百处，各类矿床195个，其中大、中型矿床96个，小型矿床近百个。全国海滨砂矿累计探明储量为31亿吨，其中海滨金属砂矿27.6万吨，非金属砂矿30.7亿吨。

从各地分布来看，海滨砂矿主要可分为八个成矿带，如海南岛东部海滨带、粤西南海滨带、雷州半岛东部海滨带、粤闽海滨带、山东半岛海滨带、辽东半岛海滨带、广西海滨带和台湾北部及西部海滨带等。特别是广东海滨砂矿资源非常丰富，其储量在全国居首位。辽东半岛沿岸储藏大量的金红石、锆英石、玻璃石英和金刚石等。中国滨海砂矿类型以海积砂矿为主，其次为混合堆积砂矿。多数矿床以共生、伴生矿的形式存在。海积砂矿中的砂堤砂矿是主要含矿矿体，也是主要开采对象。不少矿产的含量都在中国工业品位线上，适合开采。

我国海砂的利用，绝大部分是用作建筑材料。改革开放以来，随着沿海地带经济发达区域城市化建设的迅速发展和建筑工程对建筑用砂的大量需要，其市场需求日益增长。据估计我国每年建筑用砂约为26亿吨(逾30亿立方米)。海砂是其中重要的一部分，据统计资料，2000年我国约有9000余万吨是来自海岸带和近岸浅海海砂。2004年估计海砂开采量已超过1亿吨，主要开采地分布于辽宁、山东、福建、广东、广西和海南诸省区。[①] 虽然我国的海砂开采数量巨大，但是仍旧不能满足国民经济发展的需求，同时在滨海砂矿保护力度不断加大的情况下，向更深水域要砂是今后该领域发展的一个趋势。

① 中国海洋年鉴编纂委员会：《2005中国海洋年鉴》，北京：海洋出版社，2006年，第154页。

目前，我国作为矿物开采的滨海砂矿床有三十多处，丰富了矿物的来源，但是开采的规模还不是很大。滨海砂矿中含量最多的是石英矿物，石英可提取硅，硅是一种半导体材料，被广泛应用于无线电技术、电子计算机、自动化技术和火箭导航方面，是整流元件和功率晶体管的理想材料。硅还可以用于制作太阳能电池，这种电池重量轻且供电时间长。我国发射的人造卫星就采用了这种电池。熔融石英则是制造紫外线灯管不可缺少的材料，因为一般玻璃会吸收紫外线，而石英却能让紫外线通行无阻。目前，石英正日益成为冶金、化工、电器部门的“原料巨人”。

海砂中的金刚石也很诱人。金刚石是一种最坚硬的天然物质，素有“硬度之王”的称号。它是由碳酸组成的结晶体，常呈浅黄、天蓝、黑、玫瑰红等颜色。金刚石常被琢磨成宝石。晶莹剔透的宝石，光华四射，灿烂夺目，非常珍贵。但是，金刚石最大的用途，是用于制造勘探和开采地下资源的钻头，以及用于机械、光学仪器加工等方面。砂矿中还蕴藏着丰富的砂金，我国人民在海砂中“淘金”历史悠久，而在当前也仍是砂矿开采的主要工作之一。

二、海洋油气资源

能源资源短缺是各国经济发展面临最棘手的问题之一，半个世纪以来众多国家纷纷涌向海洋，都在寻找开发海洋油气资源。海底油气资源主要分布在大陆架，约占全球海洋油气资源的 60%，其次大陆坡的深水、超深水域的油气资源也相当可观，约占 30%。地球上海洋油气资源总量极其丰富，海洋的石油资源大概占了全球石油总量的 34%，但还处于勘探开发的早期阶段。据统计，全球石油探明储量为 1757 亿吨，天然气探明储量为 173 万亿立方米。2009 年海洋石油产量达到 13 亿吨，约占世界石油总产量的 35%，同年海洋天然气产量超过 9000 亿立方米，占世界天然气总产量的 30%。[①] 世界上油气储量极为丰富的海域有波斯湾、委内瑞拉的马拉开波湖、北海、墨西哥湾、亚太海域、西非海域及巴西海域等。

我国海上石油勘探开发始于 20 世纪 50 年代，60 年代地质部成立渤海综

① 郭小哲：《世界海洋石油发展史》，北京：石油工业出版社，2012 年，第 16-20 页。

合物探大队，通过调查测量，初步确定渤海是个大型沉积盆地，具有含油前景。1966 年年底，石油工业部在渤海首钻海一井，并于次年试获原油，日产油 35.2 吨、天然气 1941 立方米。1975 年，我国第一个海上油田——渤海海四油田建成投产，由此证实了渤海是个有开发前景的含油气盆地。

随着勘探力度的逐步加大，不断有新的发现，特别是在 1995—2001 年的 6 年间，渤海海域 9 个近亿吨或是亿吨级大油田的发现，使我国海洋油气开采进入了一个崭新时代。截至 2008 年年底，海洋石油地质资源量为 235.8 亿吨，累计探明地质储量 121.2 亿吨，可采资源量 72.1 亿吨，累计采出量 3.12 亿吨。海洋天然气地质资源量约 17 万亿立方米，累计探明地质储量 3.9 万亿立方米，可采资源量 8.8 万亿立方米，累计采出量 769 亿立方米。[①] 近些年来，我国海洋油气开采保持稳定发展。2013 年，海洋原油产量4540 万吨，海洋天然气产量 120 亿立方米。2014 年，海洋原油产量 4614 万吨，海洋天然气产量 131 亿立方米。

2006 年我国近海海域主要油气田 92 个，其中生产油气田 45 个，分布在渤海 27 个、南海东部 12 个、南海西部 5 个以及东海 1 个。开发油气田 47 个，分布在渤海 21 个、南海西部 17 个、南海东部 9 个。渤海大型油田有绥中 36-1 油田、锦州 9－3 油田、秦皇岛 32－6 油田、南堡 35－2 油田、渤中 25-1 油田、曹妃甸 11-1 油田、蓬莱 19-3 油田、埕北油田、曹妃甸 12-1 油田、旅大 27-2 油田等。东海有春晓、平湖、残雪、断桥和天外天等油气田。南海有西江 24-3 油田、西江 30-2 油田、惠州油田群、流花 11-1 油田、涠洲油田群、陆丰 13-1 油田、陆丰 22-1 油田、番禺 5-1 油田等。渤海是目前累计探明技术可采量最多的区域，2010 年达 4.7 亿吨，占总探明技术可采量 8.26 亿吨的 57%，南海次之，占总量的 41.4%，为 3.42 亿吨，东海的可采量为 1222 万吨，占总量的 1.5%。

随着经济的长期高速发展，我国已成为世界上最大的能源消耗国，能源资源对进口依赖程度不断上升，目前石油消耗的 57%需依靠进口，天然气近

① 夏登文等：《海洋矿产与能源功能区研究》，北京：海洋出版社，2013 年，第 2 页。

30%从国外输入。能源资源过分依赖国际市场，势必制约和威胁我国经济发展，因此，我国政府高度重视海洋能源资源的开拓。《能源发展“十三五”规划》要求：“强化海洋资源节约集约利用，提高海域空间资源的使用效能。控制近岸海域开发强度和规模，逐步建立近岸海域资源利用的差别化管理制度体系，探索大陆架和专属经济区空间资源的有效利用途径，推动深远海适度开发。加大海域油气资源勘查开发力度，增储增产。推动海水淡化与综合利用，支持海洋可再生能源开发与建设。”我们相信，在政府的正确引导下，我国海洋能源资源的开发必将迈上更高的台阶。

三、海底煤矿

煤矿也是一种重要的海洋矿产，世界上主要的海洋煤矿开采国有英国、日本、智利、加拿大等。英国是世界上最早在海底采煤的国家，从 17 世纪初至今已有近 400 年的历史。煤形成于陆相环境，是古代高等植物遗体堆积后，在地下经过碳化作用形成的，海底为什么会有煤呢？这是由于地球“沧海桑田”的变化，原先是陆地的堆积点，因地壳运动而沉入海底，从而形成海底煤矿。

我国的海底含煤岩层主要分布在黄海、东海和南海北部以及台湾岛浅海陆架区。含煤岩系厚达 500~3000 米，煤层层数较多，东海最多的可达近百层，一般的为 8~25 层，层厚不稳定，多是 0.3~2.5 米，最厚达 3~4 米，主要煤类型为褐煤，其次为长褐煤、泥煤和含沥青质煤等。

我国陆上煤炭资源储量丰富，海底煤矿的勘探起步较晚。1989 年地矿部海洋地质研究所与上海海洋地质调查局第一海洋地质调查大队合作，在山东省龙口市黄县东北海区进行地震详查和钻探工作，工区面积约为 3 平方千米。同年施工一口钻孔，次年在工区打成我国第一口海下煤井。

山东黄县北皂海底煤田为陆上北皂煤矿向海底的延伸，经地震勘探推测，煤田延伸至海底面积约 150 平方千米，主采煤层厚约 10 米，地质储量 10 亿~12 亿吨。

为了进一步探明煤田储量，2002 年北皂煤矿对海底煤田进行了高精度三维地震勘探，2005 年 6 月，山东龙口矿业集团北皂煤矿投入联合试采运营。目前，该煤田已探明地质储量为 12.9 亿吨，其开采前景良好。第一个海底采煤作业面投产的水平设在-350 米处，首采面长 150 米，预计初期年产量 50 万~60 万吨，高峰年产量可达 80 万~100 万吨。[①]

龙口北皂煤矿是我国首座实施海下采煤的矿井，也是唯一的海底矿井。2005 年的成功试采，使我国成为继英国、日本、加拿大、澳大利亚、智利之后的第六个进行海下采煤的国家，也是第一个在海下采用综合机械化放顶煤开采技术的国家。截至 2012 年，已安全回采五个工作面，生产原煤 430 多万吨。

四、海底天然气水合物

天然气水合物广泛分布于海底和大陆高纬度地区的冻土带中，是由天然气与水在高压低温条件下形成的类冰状的结晶物质。因其外观像冰一样而且遇火即可燃烧，所以又被称作“可燃冰”或者“固体瓦斯”和“气冰”。天然气水合物的甲烷含量通常都在 80%以上，从分子结构来看，甲烷分子被包于水分子之中。作为能源，其优点是清洁高效，1 立方米的天然气水合物分解后可生成 164~180 立方米的天然气，其燃烧排放的污染物一般比煤、石油、天然气都要低。而且天然气水合物储量极为丰富，据估计，它的资源量是世界上已知煤、石油、天然气总量的两倍，可供人类使用 1000 年，因而各国都视其为未来石油天然气的替代能源。

天然气水合物的形成必须基于有充足的烃类气体来源，适当的温度、压力和地质构造。海底中适合其生成的环境比较广阔，具备这种条件的海域约占海洋总面积的 1/10。主要分布在边缘海和内陆海的陆坡、岛坡、水下高原，尤其是那些与泥火山，热水活动，盐、泥底辟及大型构造断裂有关的海盆中。据估算，仅在水深为 200~3000 米的海底区域，海底天然气水合物中甲烷资源

---

① 中国海洋年鉴编纂委员会：《2005 中国海洋年鉴》，北京：海洋出版社，2006 年，第 154-155 页。

量就超过2.1亿亿立方米。[1]

自2000年开始，海底天然气水合物的研究与勘探进入高峰期，世界上至少有30多个国家和地区参与其中，美国、日本等发达国家的研究走在世界前列。20世纪70年代初期，美国在阿拉斯加北坡的普拉德霍湾采出第一个水合物样品，使人们认识到海洋中也存在天然气水合物，随后开展了更深入的研究。在此基础上，2003年，美国于该地区实施了一项引人注目的天然气水合物试采研究项目。目标是钻探天然气水合物研究与试采井——热冰1井，这是阿拉斯加北坡区专为天然气水合物研究和试采而钻的第一口探井。

2006年，日本在新潟县附近海域发现东亚第一个海底天然气水合物区，后来又在南海海槽发现并钻取到实物样品。2013年成功从爱知县附近深海可燃冰层中提取出甲烷，使其成为世界上首个掌握海底可燃冰采掘技术的国家。

我国天然气水合物资源调查与评价工作起步晚。1995年起原地质矿产部开始天然气水合物前期研究。1999年，国土资源部正式启动天然气水合物资源调查，整合了国内各方面优势力量，经多年努力，于2007年5月在我国南海北部神狐海域首钻获天然气水合物实物岩心。中国成为继美国、日本、印度之后，第四个通过实施国家计划成功取得海底天然气水合物样品的国家。2013年我国海洋地质科技人员在广东沿海珠江口盆地东部海域首次钻获高纯度天然气水合物样品并通过钻探获得可观控制储量。2015年在神狐海域，我国再次钻探发现超千亿立方米级水合物矿藏，钻探区天然气控制资源量超过1500亿立方米。2017年5月18日在南海神狐海域，我国海域天然气水合物试采成功。此次试开采成功，不仅表明我国天然气水合物勘查和开发的核心技术得到验证，也标志着中国在这一领域的综合实力达到世界顶尖水平。[2] 2017年11月16日，经国务院批准，天然气水合物成为我国第173个矿种，可燃冰的法律地位从此正式确立。

---

① 辛仁臣等：《海洋资源》，北京：化学工业出版社，2013年，第143页。

② 《我国海域天然气水合物试采成功，全球首次！》，载《中国矿业报》，2017年5月18日。

五、海底热液矿床、多金属结核与钴结壳

海底热液矿床是20世纪60年代发现的一种矿产，它们是海底热液溶解的高温热水所产生的硫化物堆积。海底热液矿床主要分布在2000~3000千米的海底，并集中在地质构造-断裂活动区及板块边界地带。目前已知的热液活动区有160多个，太平洋占75%，大西洋占16%，印度洋占3%，其他海域约占6%。海底热液矿床有丰富的矿种类型，富含金、银、铂、铜、锡等多种金属，被称为"海底金银矿"。海底热液矿床最直观的景象就是海底热液烟囱。

海底热液矿床发现后受到许多国家的重视，美国国家海洋和大气局制订了1983—1988年的五年计划，把处在美国200海里专属经济区内的胡安德富卡海脊作为海底热液矿床的重点研究和开发对象。日本投巨资研发海洋深潜器，大规模勘探海底热液矿床，2013年，日本政府在冲绳本岛近海新确认了"海底热液矿床"地层，预计该矿床规模较大，铜、铅和亚铅等储量丰富。

我国在海底热液矿床勘探方面进步迅速。《2012中国海洋年鉴》称，自2007年大洋19航次我国在西南印度洋发现第一个海底热液区起，经过四年多努力，迄今为止我国已在三个大洋发现了30多个海底热液区，占世界三大洋30多年来已发现热液区的1/10以上。2011年8月，国际海底管理局批准了我国勘探自行发现的西南印度洋脊多金属硫化物矿区，面积约1万平方千米。

多金属结核又称锰结核，是由包围核心的铁、锰氢氧化物壳层组成的核形石。主要分布在大洋底部水深3500~6000米海底表层，范围广阔。世界大洋底约15%的面积被多金属结核覆盖，经20世纪60年代以来的调查，推算世界大洋底多金属结核资源有3万亿吨，其中仅太平洋就有1.7万亿吨。多金属结核含有锰、铁、镍、钴、铜等几十种元素，其中锰4000亿吨、镍164亿吨、铜88亿吨、钴56亿吨，分别是陆地同类矿产资源的200倍、600倍、50倍、3000倍。[①]

---

① 莫杰等：《海洋矿产之源》，北京：海洋出版社，2012年，第87页。

我国从 20 世纪 80 年代开始调查海底多金属结核，1983 年，“向阳红 16”号考察船在西北太平洋首次采获多金属结核 300 多千克。随后，海底多金属结核成为我国大洋科考的重要内容。1990 年，我国正式向国际海底管理局申请多金属结核调查区，次年得到批准。1999 年，我国向国际海底管理局递交了《开辟区 50%区域放弃报告》，最终获得了 7.5 万平方千米矿区拥有多金属结核资源专属勘探权利。

钴结壳是生长在海底岩石或岩屑表面的皮壳状铁锰氧化物和氢氧化物。因富含钴，又称富钴结壳。主要分布在水深 800~3000 米的海山和海台顶部和斜面上，其附着之基质有玄武岩、玻质碎屑玄武岩及蒙脱石岩。钴结壳遍布于各大洋，据目前的调查，最富集的海域是中太平洋海山、约翰斯顿岛、夏威夷群岛、金曼岛、巴尔米提岛和马绍尔群岛、莱恩群岛、麦哲伦海山区、马克萨斯海台、南太平洋波利尼西亚群岛等；大西洋的凯尔温火山区、中大西洋海隆区；印度洋塞舌尔群岛海流活动较强的部分基岩裸露区。钴结壳富含钴、镍、锰、铜、铁等元素。

我国对钴结壳的调查起步于 20 世纪 80 年代。1987 年，中国科学调查船“海洋四号”在约翰斯顿岛东南国际海域首次采获 200 多千克钴结壳。在之后的大洋科考调查中不断收获新成果。2013 年 2 月，中国大洋矿产资源研究开发协会递交的西太平洋富钴结壳矿区勘探申请获通过，其面积为 3000 平方千米。中国成为世界上首个就三种主要国际海底矿产资源均拥有专属勘探矿区的国家。

拓宽海水与矿产资源空间

从上文分析可知，我国在海水资源和海洋矿产资源的开发利用方面都取得了长足进步，这也意味着我国海水和海洋矿产资源空间得到不断拓展。但是在开发利用中也存在众多问题，诸如部分资源的滥采与浪费、开发利用能力的限制、周边国家对我国海洋资源的侵害，以及资源开发带来的环境问题等。这些因素制约着我国对海水、海洋矿产资源空间的开拓，进而影响我国持续健康发展，因此，我们亟须提出解决上述问题之方法。

一、资源滥采、浪费及解决途径

在利益的驱使下，一些人不顾资源的持续利用，对我国海洋矿产资源进行竭泽而渔地开采。20 世纪七八十年代的开采规模还不是很大，每年为 10 万~20 万吨。尤其是近十多年，国内外市场对海砂的需求成倍增加。在国际市场上，缺少矿石资源的日本动工兴建了几个大型工程，例如大阪关西机场、神户机场和东京世界公园的填海砂石，其中大部分要从周边国家进口，海砂出口已成为一个重要的创汇渠道；国内市场上，由于国家加大基础建设规模和投资力度，带动了建设砂石市场的繁荣。随着我国围填海规模的增加，也需要大量的砂石。由于国际国内市场的强劲拉动，我国许多企业和个人纷纷下海采砂。据不完全统计，2000 年前后，我国从事海砂开采的从业人员数万人，海砂开采每年约亿吨。[①] 此外还有许多违法的盗采行为。

另外一个方面是海砂开采中存在巨大的浪费，普遍存在着采富不采贫，即倾向于富集度高的矿床开采，而摒弃那些品位较低的贫矿。采矿过程多处于粗放型阶段，采矿、选矿技术水平普遍不高。采矿过程中只能采选其中的一种或几种矿物，而其他的一些有用矿物多被废弃，导致这些矿砂不能尽其所用。因为砂矿床多以共生、伴生的形式存在，如果只采选其中的一种，其他有用矿种势必遭到破坏。还有，有些业主不懂砂矿成因机理，在采矿过程中不分青红皂白，统统把所采砂矿当普通建筑材料使用或卖掉，造成了巨大的资源浪费。[②]

再如，海水淡化中也存在资源浪费的行为。海水淡化后会产生大量浓海水，据统计，一个日产 20 万吨的海水淡化装置，其一年排出的浓海水约为 9100 多万吨，在技术未成熟之时，浓海水通常是直接排放，或是深井注射。近些年随着技术的进步，我国已可以利用一部分浓海水，但是大部分还是排

---

① 夏登文等：《海洋矿产与能源功能区研究》，北京：海洋出版社，2013 年，第 88 页。
② 辛仁臣等：《海洋资源》，北京：化学工业出版社，2013 年，第 94-95 页。

放入海。其实浓海水可做广泛利用，可通过浓海水制盐、提取氯化钾、溴素、氯化镁等，还可作为生产纯碱和合烧碱的原料。因此，浓海水的直接排放实为资源的巨大浪费。

对于资源滥采、浪费行为，首先国家要制定相关政策，并严格执行。以海砂的开发利用为例，政府要建立海砂开采区，对哪些区域的海砂禁止开发、局部开发、准许开发要做明确区划。而后建立健全海砂开采的审批制度，对海砂开采项目申请要严格审查，做到保护与开发相结合。最后要注重引导，加强监管，严格执法。采用相应鼓励措施，引导海砂开采由近岸向深水转移，对过度开采、私自盗采的行为予以严厉惩处。

其次要优化企业布局。从国家层面而言，政府要重视产业链条上、下游企业的对接，例如火力发电厂、海水淡化厂、制盐厂就可同时布局，火力发电厂可以为海水淡化厂、制盐厂提供能源，海水淡化厂可为火力发电厂、制盐厂提供工业冷却水，海水淡化厂的浓海水还可以转到制盐厂进行生产加工，由此实现资源有效连接，有助于资源的循环利用。天津北疆电厂的建设就是这种循环经济布局的最好体现，该项目建成投产后可新增发电量 110 亿千瓦·时，配套建设的海水淡化厂可以吸收电厂的热能，并为电厂提供冷却用水，淡化厂排放的浓海水引入天津汉沽盐场，增加原盐产量 45 万吨/年，并可生产溴素、氯化钾、氯化镁、硫酸镁等市场紧缺的化工产品约 6 万吨/年，节约盐田用地。此外通过电厂粉煤灰综合利用，可以消化天津化工厂产出的电石废渣，有效改善汉沽区环境。从企业层面而言，企业自身也要重视产业链的上、下游布局，做到副产品的有效利用，增加创收项目，节约成本。

再次，为做到资源的充分开发，政府需出台相应的鼓励措施。比如，对浓海水利用的技术研发、伴生矿分离技术研究，政府要予以资金扶持，对形成之技术予以专利保护，对该种产品生产给予优惠政策，如此方能激发企业、个人去研究资源的高效利用。

二、开发利用能力的限制与突破办法

虽然我国海水、海洋矿产资源的开发利用能力取得了显著提升，但是许多领域研发起步晚，因而在开发利用能力上还存在诸多限制。

以海水淡化能力来看，中东是世界上海水淡化能力最强的地区，仅这一地区的沙特阿拉伯、阿联酋、科威特、卡塔尔和巴林五国的海水淡化装置总产水量，就占到全球总量的45%左右。目前的数据显示，沙特阿拉伯仍然是全球第一大淡化海水生产国，其产量约占全球总产量的20%，以色列70%的水来自海水淡化，还产生了全球知名的海水淡化公司(IDE)。[①] 以色列索莱克海水淡化水厂，每天可以淡化生产62.4万立方米淡水，年生产淡水能力达2.27亿立方米，是当今世界上最大的海水淡化工厂。美国、日本、西班牙等国家为保护本国淡水资源也竞相发展海水淡化产业。

近些年我国海水淡化产业发展迅速，但是同淡化发达的国家比较，还有很大差距。据不完全统计，截至2016年年底，全球海水淡化产能约为9560万吨/日。我国海水淡化产能仅为世界规模的1.2%。

在海洋油气开发方面，国外起步早，目前国际上的海洋石油工程大都被欧美日韩企业垄断，相对而言，我国海洋油气勘探、开发还处于发展阶段，在规模、装备、技术等方面都与发达国家存在一定差距。一个国家海上油气开发能力最重要的标志是海上钻井平台，我国首座自主设计、建造的第六代深水半潜式钻井平台“海洋石油981”，是该领域的最高代表，2010年建成出坞，设计最大作业水深3000米。2012年，在南海荔湾实现了约1500米深的水下成功探入地层，这标志着我国深水油气资源的勘探开发能力和大型海洋装备建造水平跨入世界先进行列。但是与发达国家比较还有一些距离，在“海洋石油981”建造之前，国外深水钻井能力已达3052米。

另外，无论是油气，还是其他海底矿产的勘探都离不开大洋勘探船。中国目前的大洋科考船主要有“大洋一号”“向阳红”系列、“海洋石油708深水

---

① 《2018年中东地区海水淡化产业分析技术、产能位居全球前列》，载自前瞻产业研究院：《2018—2023年中国海水淡化产业深度调研与投资战略规划分析报告》。

工程勘探船”和“海洋石油720深水物探船”等，从相关的数据来看，这些船的最大作业深度在水下5000米左右。同时期，日本最先进的勘探船“地球号”，于2012年可深入水下7700多米作业，并可钻探到海底2130多米，打破了美国勘探船于1993年创造的世界纪录(2111米)。从调查船的装备数量来看，2012年成立的我国国家海洋调查船队，到2015年由最初的19艘增至40艘左右。与美国70多艘科考船相比，我们还有很大的差距。由于我国于20世纪八九十年代才着手大洋科考，三十多年的时间能取得上述成就已属不易。但是我们也深知我国深海科考船的不足，须加紧研发，进一步开拓海洋空间。

海洋开发能力直接关系海洋资源空间的拓展，我们要不断增强自身能力。开发利用能力的关键在于提高技术水平与装备。首先，国家要从战略的高度重视海洋开发能力，要将海水、海洋矿产利用纳入我国资源的远景规划，并制定明确的阶段目标，积极开展行动，切切实实地将海水与海洋矿产资源作为我国缓解资源危机的重要途径。

其次，国家要加大对自主创新海水淡化、海洋勘探等技术研发和示范的投入支持。国家须安排专项资金，支持海水淡化、海洋勘探的基础性研究及创新性研发，支持自主创新核心技术突破，支持大型工程装备成套化和系统集成技术研究，支持自主技术规模化示范等，提高我国海水淡化与海洋勘探技术的竞争力。

第三，要积极支持民间资本的进入，集中更多的人力、物力、财力投身到海洋产业中来，利用市场的模式，使海洋开发技术与设备的研发更具活力。同时，要加大同海洋开发强国的合作，吸收别国先进经验、技术以提升我国海洋开发水平。

三、环境影响与维护之道

我国在开发利用海水、海洋矿产资源时，也带来了许多环境问题。海水及海洋矿产在人类开发利用前，它们与周边事物处于一种稳定的状态，人为介入后不可避免地引起周边的变化。我们开发利用海洋资源的目标，决不是以牺牲环境来满足人类的需求，而是在不危及环境的情况下，适当开发以缓解陆地开发的危机，最终实现人与环境的和谐。因此，我们要高度重视目前海水、海洋矿产资源开发中产生的环境问题，时时监测、及时修正，以维护海洋资源空间的健康。

浓盐水和冷却水是海水利用后的主要污染源。热法海水淡化过程中，部分海水经预热后直接排放，会造成海洋环境的热污染。并且，多级闪蒸的最高盐水温度一般为90~110℃，海水必须进行杀菌、降浊、脱碳、脱氧、加缓蚀剂、阻垢剂、消泡剂等一系列的预处理，残留的化学药剂最终进入排放系统，会对海洋环境造成影响。此外，系统中结垢与腐蚀产物随清洗剂一起进入排放系统，也会对海洋环境造成影响。反渗透法膜法海水淡化过程水回收率低于40%，浓盐水排放量大。进水要求高，必须对原料海水进行杀菌、降浊、中和等一系列严格的预处理，需要频繁的物理或化学清洗。海水预处理试剂和清洗剂等随着浓盐水直接排放都会对海洋环境和海洋生物造成一定的影响。

排放浓盐水的盐度约为天然海水的两倍。已有研究表明，按照我国2010年规划的海水淡化规划量计算，所产生的排海浓盐水会导致我国胶州湾地区局部海域盐度和高盐度水域面积明显增加。浓盐水的排放导致海洋盐度的增加，而且半封闭海域海水更新速度慢，使盐度分布不均。过高的盐度对一些耐盐性差的海洋生物可能是致命的，并且长期的高盐度与盐度分布不均，可能会引起海洋生物的物种组成与分布的变化。

冷却水系统排放的海水伴随着一定的热量排放，也会对海洋环境造成一定的热污染。亚热带海洋生物一般适应温度为20~30℃。人们认为30℃是许多水生生物能够承受的上限温度，尤其是对海洋生物的幼虫而言。海水淡化反渗透系统浓盐水排放温度比环境温度高3~5℃，而热法海水淡化排放浓盐水的温度比环境温度高3~15℃。过高的排放温度可能直接影响海洋生物的生长和繁殖，改变海洋生物的生理机能，并影响其产卵、生长及幼虫孵化能力；可能导致严重的生态破坏，改变天然海洋生态系统的分布、构成与多样性。

此外，海水温度的上升也影响海水水位、溶解氧含量等参数，间接对海洋生物和水质产生不利影响。[①]

过度、盲目的海砂开采会导致海床地形的改变，进而改变附近海域流场和波场。在距离岸滩较近的区域开采海砂，会引发海岸坍塌、后退等地质灾害。海床的地形改变后，还会改变水动力条件，失去海砂的有效阻挡，海流速度增快，对附近岸滩形成更强烈的冲刷，海岸侵蚀更为严重。海砂开采过程中，由于机械的搅动作用，使得施工区域底栖生物生存环境遭到破坏，导致位于施工区内海域的底栖生物全部或部分死亡。海砂开采产生的悬浮物也不同程度的影响作业点周围的生物，附近的浮游生物的生长受到影响，鱼卵、仔鱼部分死亡，游泳生物被驱散。

海洋油气开发对海洋环境的影响日益凸显。首先是溢油、漏油事故频发，海洋生物会被油膜覆盖导致缺氧而死亡，也会因接触油污引起中毒而死亡。油气在通过油轮或管道运输的过程中，由于自然灾害、管道腐蚀老化、人为失误等因素造成石油泄漏事故。此外，油气开采中还有噪声、杂物等污染。对于海洋开发中生态环境造成破坏的行为，国家要大力予以整治。首先要严格执行《中华人民共和国海域使用管理法》和《中华人民共和国海洋石油勘探开发环境渤海条例》等法律、法规。加强海域功能区监测，在项目立项前，要做好环境影响报告书，对开发项目所产生的环境影响及其他突发影响进行全面合理评价、追踪监测，对不符合规定的，要责令整改，乃至取缔。

二是要减少有害化学物质向海洋排放。在海水淡化中，尽量减少化学药品的使用，设备器材的材质多采用新型材料，比如抗腐蚀管路等，降低腐蚀产物对海洋环境的影响。冷却水、污水在排放前要进行相应处理，对排放的水进行稀释，或冷却，以减少其造成的热污染、盐度污染等。海洋油气生产污水不能随意排放，钻井泥浆、钻屑、油类重金属等海洋沉积物不能随意倾倒，要收集运回陆地集中处理。

---

① 马学虎、兰忠等：《海水淡化浓盐水排放对环境的影响与零排放技术研究进展》，载《化工进展》，2011 年第 1 期。

三要鼓励海水、海洋矿产开发产生的副产品的循环利用。综合利用浓盐水，采取零排放技术。大力开展海水循环技术的研发和应用，减少冷却水的排放。

四、海洋资源争端与应对之策

我国主张管辖海域近 300 万平方千米，但是周边一些国家对我国海洋国土的侵占，以及各国主张海洋划分标准的不同，致使我国一半的主张管辖海域处于争议之中。特别是东海、南海在勘探到大量的海底矿产资源后，一些国家不断侵害我国的海洋资源，挤压我国的海洋资源空间。

东海主要是日本觊觎我国的海洋资源。东海大陆架是我国领土向东海的自然延伸，依据《联合国海洋法公约》有关规定，东海海底的地形和地貌结构决定了中国大陆领土的大陆架自然延伸至冲绳，因此以冲绳海槽的最大水深点为中日大陆架的分界，是合情、合理、合法的分界主张。而日本却罔顾事实，单方面划定东海中间线，并以此干扰我国在东海的正常作业。

我国在东海的油气地质勘探始于 1974 年，经多年调查，圈出了一个沉积巨厚的东海陆架盆地。1983 年找到第一个东海油气田——平湖油气田，在此之后勘探形势越来越好，1985 年探获天外天油气田，1989 年有残雪油气田，特别是 1995 年打出“春晓一井”“春晓二井”，证实了春晓是一个整装油气田。东海大陆架丰富的油气资源引起了日本的贪欲，他们时刻侦查、干扰我国的海洋勘探。尤其是 2003 年中国确定春晓油气田开发项目后，日本便荒唐提出，由于春晓气田距离日本单方划定的中间线仅 5 千米，因此在该地区的大规模开采会导致吸聚效应，由此日方利益会受到损害，因此日本抗议中国的行动，要求中国停止开发。2004 年，日本甚至派出测量船在所谓“中间线”的日方一侧探测资源。由于日本长期的影响，致使春晓油气田在 2005 年建成后未能进入实质应用。

南海自古就是中国活动的主要海域之一，东沙群岛、西沙群岛、中沙群岛、南沙群岛等历来是我国的领土，然而许多岛屿、岛礁都被越南、菲律宾、马来西亚等国占据。他们在占领岛礁后，就提出周边海域矿产资源的声索。

南海油气储量丰富，估计有500亿吨，堪称第二个波斯湾。我国早在1960年就在南海北部的莺歌海盆地发现油气田，到20世纪七八十年代发现了珠江口油气盆地和珊瑚礁油气大储层。在我国南海传统疆界线内200多万平方千米的海域，已探明石油地质储量达300多亿吨，天然气储量达15万亿立方米。丰富的油气引来周边国家的掠夺，越南、菲律宾、马来西亚、文莱等国均在南海有相当规模的勘探和开采，石油开采量每年超过5000万吨。许多国家正在加紧对外招标进行勘探开发。越南已经划定180多个区块，与50多个外国石油公司签订石油勘探和开发合同，很大一部分区块属我国的西沙、南沙海域；马来西亚近年来也划出多个深海油气区块进行招标，有13个区块的油气勘探和开采合同完全或部分进入我国南海海域；在文莱，该国与壳牌公司合资建设的海上石油平台超过240座。根据文莱官方文件上的声明，其经济区包括我国的南通礁及南沙3000平方千米的海域。菲律宾有3个招标油气区块伸入我国南沙海域。

个别国家甚至还干涉、骚扰我国正常合法的油气勘探作业。2014年，中国“海洋石油981”钻井平台在中国西沙群岛毗连区内开展钻探活动，旨在勘探油气资源。前后两个阶段作业海域距离中国西沙群岛中建岛和西沙群岛领海基线均17海里，距离越南大陆海岸133~156海里。作业开始后，越南方面即出动包括武装船只在内的大批船只，非法强力干扰中方作业，冲撞在现场执行护航安全保卫任务的中国政府公务船，还向该海域派出“蛙人”等水下特工，大量布放渔网、漂浮物等障碍物。截至2014年6月7日，越方现场船只最多时达63艘，冲闯中方警戒区及冲撞中方公务船累计达1416艘次。越方的行为严重侵害了中国勘探、开发我国海洋资源的权力。

由于东海、南海油气资源争端，除了当事国外，一些霸权主义国家也干涉其中，使得资源争端日益复杂化。我国本着睦邻友好，长期提倡“搁置争议、共同开发”的方针，希望以此和平解决东海、南海的资源冲突。1982年，我国就颁布了《中华人民共和国对外合作开采海洋石油资源条例》，鼓励他国企业共同参与油气开发。中日东海问题经多轮磋商后，我国同意在东海选择一个区块进行共同开发，日本企业还将依据中国法律参与合作开发春晓油气田。2002 年，我国与东盟各国签署了《南海各方行为宣言》，有关各方承诺根据公认的国际法原则，共同承诺以和平的方式解决争议，各方承诺保持自我克制，不采取使争议复杂化、扩大化及影响和平与稳定的行动。

解决资源争端应由直接有关的主权国家通过友好磋商和谈判来实现。某些国家想通过引入他国石油公司，或者强国势力来为自己撑腰，这种做法无益于当事双方问题的解决，反而会使问题变得更为复杂，为他国利用。

此外，以和平的方式解决资源争端，主张“搁置争议、共同开发”，不是意味着我国可以损害自身主权，对那些侵害我国资源主权的行为，要坚决予以反击。

总之，在我国面临严峻的水资源、矿产资源危机的形势下，丰富的海水与海洋矿产资源是我国持续健康发展的重要后盾。为满足经济高速发展的资源需求，同时又有了资源开发能力的保障，我国对海水与海洋矿产资源的开发利用程度日益增强，海水、海洋矿产资源空间也得到不断拓宽。取得骄人成绩的同时，海水与海洋矿产资源开发也带来一系列问题，有过度开采、资源浪费、开拓能力的限制、生态环境破坏、他国的侵害等，这些问题都制约着我国海水与海洋矿产资源空间的扩展，因此势必采取相应的对策。

第五章

中国海洋能资源空间

大海本身就是一个巨大的能源宝库，波涛汹涌，巨浪滔天，蕴藏着极其巨大的能量，被誉为“能量之海”。随着社会经济和科学技术的高度发展，海洋能资源对于人们生活的重要性日益凸显，这一有待开发的海洋能资源空间，将成为人类未来重要的能源基地。

所谓海洋能，是指海洋空间中蕴藏的各种可再生能源，主要包括潮汐能、波浪能、温差能、盐差能和海流能，更广义的海洋能还包括海洋上空的风能，海洋表面的太阳能以及海洋生物质能，等等。所谓海洋能资源空间，首先是指承载海洋能资源的实体空间，其次是指海洋能资源本身所蕴藏的价值空间，海洋空间通过各种物理过程或化学过程接收、存储和散发能量，这些能量以波浪、海流、潮汐、温差等形式存在于海洋空间。海洋面积占地球总面积的71%，到达地球的各种来自宇宙的能量，大部分落在海洋上空和海水中，部分转化为各种形式的海洋能，海洋能资源大部分来自于太阳的辐射和月球的引力。潮汐能和潮流能源于月球和太阳的引力作用，其他海洋能都源于太阳辐射，是一种绿色、清洁能源，是一种“取之不尽，用之不竭”的可再生能源。因此，海洋能资源空间近年来受到世界各主要海洋国家的普遍重视。21 世纪以来，石油、天然气、煤等传统能源已经越来越少，以及资源、环境和气候问题的突显，国际社会对气候变化、环境保护等问题日益关注，寻找可替代能源的需求迫在眉睫，人们将目光投向了浩瀚无际的海洋。

海洋能清洁干净、可再生，被联合国环境组织视为目前最理想、最有前景的替代能源之一。据科学家估算，全世界海洋能的全球储量约 1500 亿千瓦，技术上便于利用的储量约为 70 亿千瓦，大约与当前全世界发电装机总功率相当。惊人的海洋能储量顺应了可再生能源发展的潮流，也成为各国发展的新热点。欧洲可再生能源委员会发布的一份研究报告指出，目前全球海洋能的理论发电量预计可达到每年 10 万太瓦·时，而目前全球的电力消耗约为每年 1.6 万太瓦·时，仅海洋能源这一项就能完全满足人类的用电需求。为了减少对化石能源的依赖，英国、美国、日本等发达国家纷纷将海洋能发展列入国家战略，智利、印度尼西亚、印度等发展中国家也开始陆续关注海洋能。目前 10 多个国家已经为开发海洋能出台了专门的扶持政策，包括英国在内的一些国家建立了全方位的海洋能测试中心，全球已经提出了超过4000种波浪能转化技术。根据欧洲海洋能协会2015年发布的《欧洲2010—2050年海洋能路线图》，欧洲海洋能发电的装机容量到2020年可达3.6吉瓦，到2050年可达近188吉瓦，将分别占到欧盟27国电力需求的0.3%和15%。虽然海洋能的开发潜力巨大，但与传统能源，甚至与核能、太阳能、风能等其他新能源相比，其总体发展程度还较低。[①] 现阶段，只有潮汐发电技术和小型波浪发电技术开始进入实用阶段，其他几种仍在研究试验阶段。

中国海岸线绵长，蕴藏着大量的海洋能，有待我们去大力开发利用。海洋能资源空间以其独特的魅力吸引了众多科学家的目光，海洋学家认为，利用海洋再生能源进行发电或转化成其他形式的能源，是环境污染极小、发展前景美好的开发项目。

中国天然气、煤炭等传统的能源多贮存在华北、西北地区，而沿海地区经济发达，对传统能源需求量巨大，因此不得不耗费巨资，修建"北煤南运""西气东输""西电东送"等一系列大型工程。我国的海洋能资源空间集中分布在环中国海，如果能够充分开发利用海洋能资源空间，恰恰可以弥补能源分布不均，解决了能源供需矛盾，促进社会经济可持续发展，意义重大。

绿色的宝藏：中国海洋能资源空间

海洋能基于太阳辐射及太阳和月亮的万有引力，它被称为百分之百的绿色能源，是一种可持续的再生能源。随着陆地能源的不断消耗和减少，人类赖以生存与发展的能源将越来越依赖海洋能资源。

一、潮汐能

广阔无际的大海，在日月的引潮力作用下，时而潮高百丈，时而悄然退

① 丁大伟：《国际社会对海洋能关注升温　海洋能发展空间大》，载《人民日报》，2010年10月19日。

去，海水的这种有规律的涨落现象就是潮汐。潮汐现象是由地球和天体运动以及它们之间的相互作用而引起的，当太阳、月球和地球在一条直线上时，就产生大潮；当它们成直角时，就产生小潮。海水涨潮和落潮过程中产生的势能就是潮汐能，潮汐能是以位能形态出现的海洋能，是最现实的海洋能资源空间利用方式之一。

我国海岸线漫长而曲折，蕴藏着十分丰富的潮汐能资源。我国潮汐能资源理论蕴藏量占世界各国的3.7%，而可开发潮汐能资源按年发电量计算占世界各国的34%~44%，可见我国潮汐能资源的可开发程度很高，开发条件比较好。我国潮汐能可开发的资源量约为2200万千瓦，主要集中在狭窄的浅海、港湾和海峡，其中潮汐能资源最丰富的地区集中于福建和浙江沿海。在福建、浙江两省沿岸资源分布也不均匀，主要集中在几个大海湾内，装机容量1000兆瓦以上的电站，浙江有钱塘江口和三门湾，福建有兴化湾、三都澳、湄洲湾和福清湾，合计装机容量占全国总量的61.2%，分别占各省总量的81.9%和58.5%。可喜的是，这种分布与我国沿海地区的能源需求分布正相吻合，即潮汐能资源最丰富的东南沿海地区，正是我国经济发达、能耗量大、常规能源缺乏、能源缺口最大的地区。如能开发上海、浙江和福建的潮汐能资源，则可为缓解这里的能源供求矛盾做出贡献。①

二、海风能

风能是地球表面大量空气流动所产生的动能，在海洋上风力比陆地上更加强劲，方向也更加单一，据专家估测，一台同样功率的海洋风电机在一年内的产电量，能比陆地风电机提高70%。受化石能源日趋枯竭及减排温室气体和提高可再生能源比例的驱动，自20世纪80年代末以来，世界主要发达国家和一些发展中国家都重视海上风能的开发利用。风能开发利用的成本比太阳能开发利用的成本要低。2000年以前一些小型的示范性项目在浅海建造；2000年以后，一些具有越来越高大实际经济价值的较大型项目相继建造。近20多年来，海洋风力发电的发展十分迅速，单机发电能力由3.5万千瓦·时

① 施伟勇等：《中国的海洋能资源及其开发前景展望》，载《太阳能学报》，2011年第6期。

增长到170万千瓦·时，提高了近500倍，海上风电场逐步商业化。

我国离岸风能相当丰富，全国海上可开发利用的风能约7.5亿千瓦，是陆上风能资源的3倍。从长江到南澳岛之间的东南沿海及其岛屿是我国最大风能资源区以及风能资源丰富区。中国近海地处亚洲大陆和太平洋之间，由海陆热力差异产生的气压梯度和气温梯度的季节变化，比其他地区或海域都要显著。另外，冬季高空的西风助长了气团由大陆流向海洋的势力，夏季华南的高空东风与我国东部沿海活跃的副热带高压，也助长了海洋气团进入大陆的势力。因此，中国近海及其邻近海域，是季风最发达地区。季风不仅盛行，而且范围大、势力强。海洋风能资源相对于其他的海洋可再生能源，是最有可能成为中国主导能源结构的一种海洋替代能源，可望在不远的将来快速形成规模化开发的局面。

三、海流能

海流能是另一种以动能形态出现的海洋能，主要是指海底水道和海峡中较为稳定的流动以及由于海洋能潮汐导致的有规律的海水流动所产生的能量，它是由风、海水的热对流、盐度差、地球自转的偏转力等许多因素在特定的时间与空间内的综合作用下形成的。海水流动会产生巨大能量，全世界海流能的理论估算值约为10亿千瓦量级，相对波浪而言，海流能的变化要平稳且有规律得多。

中国的海流能属于世界上功率密度最大的地区之一，利用中国沿海130个水道、航门的各种观测及分析资料，计算统计我国海流能可开发的资源量约为3800万千瓦，其中以浙江沿岸最多，有37个水道，资源丰富，占全国总量的一半以上，特别是舟山群岛的金塘、龟山和西堠门水道，开发环境和条件很好。其次是台湾、福建、辽宁等省份的沿岸，约占全国总量的42%。

四、波浪能

波浪能是指蕴藏在海面波浪中的动能和势能，波浪的能量与波高的平方、波浪的运动周期以及迎波面的宽度成正比，主要用于发电，同时也可用于输送和抽运水、供暖、海水脱盐和制造氢气。波浪能是海洋能源中能量最不稳定的一种能源，由风对海水的摩擦和推压引起的，它实质上是吸收了风能而形成的，能量传递速率和风速有关。水团相对于海平面发生位移时，使波浪具有势能，而水质点的运动，则使波浪具有动能。深水海区大浪的能量消散速度很慢，从而导致了波浪系统的复杂性，使它常常伴有局地风和几天前在远处产生的风暴的影响。在盛风区和长风区的沿海，波浪能的密度一般都很高，例如，我国的东南沿海、英国沿海、美国西部沿海和新西兰南部沿海等都是风区。

大海波涛万顷，巨浪滔天，蕴藏着极其巨大的能量。据测算，海浪的冲击力每平方米达20~30吨，有的甚至达60吨，巨大的海浪能把十几吨重的岩石抛到20米高处，也可把万吨巨轮推到岸上。据科学家推算，地球上海洋波浪蕴藏的电能高达90万亿千瓦。虽然大洋中的波浪能难以提取，可供利用的波浪能资源仅局限于靠近海岸线的地方，但是波浪能的利用被称为“发明家的乐园”。波浪能是一种密度小、不稳定的能源。

中国沿岸波浪能总功率达0.7亿~1亿千瓦，我国波浪能可开发的资源量约为1300万千瓦，可开发利用的区域较多，其中以台湾岛沿岸最为丰富，占30%以上，浙江、福建、广东三省沿海共占40%以上，山东沿海也有较丰富的蕴量，占10%以上。波浪能资源地域分布很不均匀，中国沿岸的波浪能资源集中分布在浙江、福建、广东、海南和台湾五省，其他省市沿岸则很少，广西沿岸最少。波浪能功率密度地域分布是近海岛屿沿岸大于大陆沿岸，外围岛屿沿岸大于大陆沿岸岛屿沿岸。全国沿岸功率密度较高的区段是：渤海海峡、浙江中部、台湾岛南北两端、福建海坛岛以北、西沙地区和广东东部沿岸。①

五、温差能

温差能是一种重要海洋能源形式，是指海洋表层海水和深层海水之间水温差的热能，低纬度的海面水温较高，与深层冷水存在温度差，而储存着温差热能，其能量与温差的大小和水量成正比。海洋是地球上一个巨大的太阳能集热和蓄热器，由太阳投射到地球表面的太阳能大部分被海水吸收，使海洋表层水温升高。赤道附近太阳直射多，其海域的表层温度可达25~28℃，

① 施伟勇等：《中国的海洋能资源及其开发前景展望》，载《太阳能学报》，2011年第6期。

波斯湾和红海由于被炎热的陆地包围，其海面水温可达35℃，而在海洋深处500~1000米处海水温度却只有3~6℃，这个垂直的温差就是一个可供利用的巨大能源。在大部分热带和亚热带海区，表层水温和1000米深处的水温相差20℃以上，这是热能转换所需的最小温差。据估计，世界上蕴藏海洋热能资源的海域面积达6000万平方米，全球温差发电的可利用功率约20亿千瓦左右。我国温差能资源蕴藏量在各类海洋能中占居首位，可开发的资源量超过13亿千瓦，其中海域表、深层水温差为20~24℃，是我国近海及毗邻海域中温差能能量密度最高、资源最丰富的海域。中国南海的表层水温年均在26℃以上，深层水温(800米深处)常年保持在5℃，温差为21℃，属于温差能丰富区域。

从总体上看，我国海洋能资源主要分布在东海和南海沿岸，海洋能源总蕴藏量约4.41亿千瓦，仅潮汐能和海流能两项，年理论发电量可达3000亿千瓦·时。海流能、温差能资源丰富，能量密度位于世界前列；潮汐能资源较为丰富，位于世界中等水平；波浪能资源具有开发价值；海风能资源具有巨大的开发潜力；温差能和盐差能是两种潜在的海洋能源。海洋能资源的优点十分明显，海洋能资源总量大，这是一种“取之不尽，用之不竭”的可再生能源，而且再生过程十分迅速、短暂。海洋能资源不必像石油、天然气、煤等传统能源，需要物理或化学的二次转换过程来产生功能，因而也没有伴随着这一过程而来的能量损耗和废物排放，所以它既不会污染大气，也不会带来温室效应，对生态环境影响小。在能源消费量持续攀升和传统能源日趋紧缺的外部环境影响下，探寻与发展新能源已经成为大势所趋。海洋能作为一种可再生的清洁能源，其有效开发利用可以改善我国的能源结构，符合新发展理念和生态文明建设的战略需求。

沉睡的空间：
中国海洋能资源空间开发利用

海洋能资源的开发利用主要也是基于海水本身所蕴藏的能量：潮汐能通过涨潮落潮时的潮位差，利用压差发电；波浪能以海面波浪的能量为动力，推动发电机生产电能；温差能是利用水的温度差中携带的热能发电；盐差能则主要通过江河入海口处的盐度差携带的化学能做功发电。中国海洋能资源空间尚属于待开发状态，甚至还只是一个“沉睡的空间”。

一、中国海洋能资源空间开发现状

我国大陆沿岸和海岛附近蕴藏着丰富的海洋能资源，开发潜力巨大，是我国未来可再生能源开发的重点区域。我国沿海潮汐能源丰富，总蕴藏量达1.1亿千瓦，理论年发电量为2750亿千瓦·时。我国沿海波浪能总蕴藏量为0.23亿千瓦，主要集中在台湾、广东、福建、浙江、山东等地。我国海流能源主要分布在沿海的130个水道，据测算，可开发的装机容量约0.383亿千瓦，理论年发电量约270亿千瓦·时，其中浙江、广东、海南和福建沿海的可开发能源量就占全国的90%，能流密度较高的地方有杭州湾口、金塘水道、老山水道等。我国海水温差能按海水垂直温差大于18℃的区域估算，具有商业开发前景的区域达3000多平方千米，主要分布在南海中部深海区域，可供开发的温差能源约为1.5亿千瓦，但分布极不平衡，东海沿岸最多，约占全国总量的70%。[①] 海洋能资源总量巨大，可面对海洋这个巨大水体，人们的活动能力相对来说极其渺小，加之海水运动具有不规则性，海洋能的能量密度较小且不稳定，随时间变动大，海洋环境复杂，海洋能装置要有抗风暴、抗海水腐蚀、抗海中生物附着的能力。因此，获取海洋能所需的费用很高，风险较大。加之海洋能资源在空间上的存在也是不可移动的，它不可能像其他载能体一样，按人类希望的时间或空间来进行主观布局，海洋能资源的获取只可在海洋空间内进行。如果不及时解决二次转换能源的贮运技术，那么，海洋能资源的利用极为困难。[②]

当前中国海洋能资源空间开发利用的主要形式就是发电，我国从20世纪50年代开始陆续进行海洋能研究开发。目前，潮汐能和海风能发电已初具规模，波浪能研究已进入示范试验并取得一定的成果，海流能利用技术已

---

① 肖钢等：《海洋能——日月与大海的结晶》，武汉：武汉大学出版社，2013年，第4页。
② 刘建强：《海洋能：诱人的开发前景》，载《北京日报》，2014年6月11日。

有多个部门正在进行关键技术研究并取得一定的突破，海洋温差能和盐差能仍是潜在的海洋能资源。经过不断努力，我国海洋能电力产业正在稳步增长。

(一) 潮汐能和海风能发电已初具规模

潮汐发电是利用潮汐能的一种重要方式。人类利用潮汐发电已有近百年的历史，它是海洋能利用中最现实、技术最成熟也是规模最大的一种。最常见的利用潮汐发电的方法是在适当的地点建造一个大坝，涨潮时，海水从大海流入坝内水库，带动水轮机旋转发电；落潮时，海水流向大海，同样推动水轮机旋转发电。

我国潮汐电力资源极其丰富，年发电量不低于 700 亿千瓦・时，若在长江口北支建 80 万千瓦潮汐电站，年发电量就为 23 亿千瓦・时。我国潮汐能开发已有 50 余年的历史，是世界上建造潮汐电站最多的国家，1956 年，第一座小型潮汐电站在福州市泼边建成，之后全国兴建了 41 座潮汐电站，但大部分相继废弃。20 世纪 80 年代，我国在浙江省温岭市乐清湾成功建成装机容量最大的江厦潮汐试验电站，仅次于法国朗斯潮汐发电站和加拿大安纳波利斯潮汐发电站，是当时亚洲最大的潮汐电站，目前已经正常运营了 30 多年，并已实现并网发电和商业化运行。江厦潮汐电站于 1974 年开始研建，1980 年首台 500 千瓦机组开始发电。该电站装有 6 台 500 千瓦水轮发电机组，总装机容量为 3000 千瓦，拦潮坝全长 670 米，水库有效库容 270 万立方米。江厦潮汐电站为我国潮汐电站的建造提供了比较全面的技术，揭开了我国较大规模建设潮汐电站的序幕。我国潮汐电站可分为四类：一类是指已建、在建和具有初步设计深度的潮汐电站；二类是指已进行了一定地质勘探和规划设计工作的潮汐电站；三类是指已进行过现场查勘和初步规划的站点；四类是指未达到一、二、三类资源或开发条件较差的站点。一到四类资源按装机容量计算，比重分别为 0. 18%、2. 85%、29. 59%和 67. 54%；按年发电量计算，其比重分别为 0. 21%、4. 2%、31. 15%和 64. 63%。上述统计数字表明，已做过一定工作的一至三类资源不足 1/3。

近几十年来，中国在有关潮汐电站的研究、开发方案及设计方面又做了许多工作，潮汐能发电技术比较成熟，但建成投运的潮汐电站数量很少，目前正常运行或具备恢复运行条件的电站有 8 座。①

海风能随着陆上风机总数趋于饱和，海上风力发电成为未来发展的重点。2007 年 11 月，地处渤海辽东湾的我国首座离岸型海上风力发电站正式投入运营，标志着我国发展海上风电有了实质性突破。与此同时，沿海地区一批海上风电项目带动了风电产业快速发展，天津、连云港等风电产业基地初步形成。目前，我国已经拥有沿海风力发电场 19 个，并网发电的主要有南澳风力发电场、大连横山风电场、山东长岛风电场等。其中长岛风电机组每年可发电 1500 万千瓦·时左右，相当于一个火电厂消耗 3 万吨煤的生产水平；广东汕头市的南澳岛充分利用海洋风能，1991 年至今累计装机 129 台、总装机容量 56 640 千瓦·时，是亚洲最大的海岛风电场；2010 年我国首座、也是亚洲首座大型海上风电场——上海东海大桥 10 万千瓦·时海上风电场全部 34 台风机安装取得圆满成功，总装机容量 10.2 万千瓦·时，设计年发电利用小时数 2624 小时，年上网电量 2.67 亿千瓦·时。

与陆上风电相比，海上风电还面临不少问题：一是海上风电设备制造，工程施工和运行维护等仍处于试验和探索阶段；二是海上风电建设缺乏专业化的施工队伍；三是尚未掌握海上风电输变电核心技术；四是配套产业服务体系尚未健全。近年来，有关地方和企业都在积极开展海上风电项目建设前期工作，并已取得了积极成效。但总体来看，海上风电开发技术进展缓慢。

我国具有较好的海上风能资源。初步估计，海上风电开发潜力约 5 亿千瓦·时。为促进我国海上风电发展，2010 年，国家能源局会同国家海洋局出台了《海上风电开发建设管理暂行办法》和《海上风电开发建设管理暂行办法实施细则》，积极支持示范项目建设，并取得重要进展。2014 年国家能源局组织召开了“全国海上风电推进会”，公布了《全国海上风电开发建设方案(2014—2016)》，涉及 44 个海上风电项目。目前，已批复河北、辽宁、山东、

① 游亚戈等：《海洋能发电技术的发展现状与前景》，载《电力系统自动化》，2010 年第 14 期。

江苏、上海、广东六个省(市)海上风电规划，总规模5200万千瓦，建成海上风电装机容量39万千瓦，积累了一些海上风电建设运行的经验，具备了一定的海上风电设备制造能力。

海上风电的总装机容量在未来几年将迅速发展，中国预计到2020年海上风电装机总量为10吉瓦，其中江苏省和浙江省是我国发展海上风电的重点省份，分别为7吉瓦和2.7吉瓦。海上丰富的风能资源和风电技术的不断进步，特别是近年来我国政府对海洋可再生能源的开发利用给予了极高的期望和积极的政策引导，势必加速推动这一可再生能源开发利用的研究。

(二)海流能和波浪能发电已进入示范试验阶段

海流发电是利用海洋中部分海水沿一定方向流动的海流和潮流的动能发电。海流发电装置的基本形式与风力发电装置类似，故又称为“水下风车”。由于海流距离海岸较远，海流发电存在一系列的关键技术问题难以解决，因此全世界均无大规模海流发电的成效。海流比潮汐和海风更为复杂，遍布各大洋，纵横交错，日夜涌动，海洋能资源储量相对更为丰富。目前，海流发电虽然还处在小型试验阶段，发展不及潮汐发电和海浪发电，但是，海流发电将以其稳定可靠、装置简单的优点，在海洋能资源空间开发利用中更显优势。

我国是世界上最早研究潮流发电的国家，潮流为海流中的一种。1978年浙江省舟山市的农民企业家何世钧用几千元建造了一个潮流发电试验装置，得到了6.3千瓦的电力输出；2002年哈尔滨工程大学自行设计建造了我国第一座70千瓦的潮流实验电站。2005年国家科技计划的40千瓦海流能发电实验电站在浙江省舟山市岱山县建成并发电成功；2006年由浙江大学研制的5千瓦“水下风车”在浙江省舟山地区岱山县发电成功。“十一五”国家科技支撑计划“海洋能开发利用关键技术研究与示范”重点项目，涵盖“20千瓦海流能装置关键技术研究与示范”；“十二五”期间开展波浪能和潮流能装置示范，总装机容量达到10兆瓦。经过30多年的研究，中国海流能利用技术取得了较大进步，积累了丰富经验，我国水轮机性能的研究已达到国际先进水平，10千瓦级潮流发电装置处于示范阶段，已进入世界先进行列，为我国海流能开发利用规模化、商业化打下坚实的基础。

海浪是由风对海水的摩擦和推压引起的，因此，海浪发电实际上也是风能的另一种形式。波浪能的利用被称为“发明家的乐园”。波浪发电的装置主要有漂浮式和固定式两种，目前，一些实用性的波浪发电装置往往应用于航标灯和灯塔。我国波浪能开发技术目前尚处于示范试验阶段。中国也是世界上波浪能研究开发较早的主要国家之一，研究工作始于20世纪70年代，自1980年以来获得较快发展，而且进步明显，取得了一系列发明专利和科研成果，在世界上有了一定影响。如40瓦漂浮式后弯管波浪能发电装置已向国外出口，处于国际领先水平；10瓦航标灯用波浪能发电装置已趋商品化；小型岸式波力发电技术已进入世界先进行列：额定功率为20千瓦的岸基式广州珠江口大万山岛电站，额定功率为100千瓦的广东汕尾岸式波力实验电站。波力发电的相关成果还有：额定功率为8千瓦采用摆式波浪发电装置的小麦岛电站；青岛大管岛30千瓦摆式波力实验电站；2005年广东汕尾电站成功地实现了把不稳定的波浪能转化为稳定电能；2006年年初，中科院广州能源所研制的波浪能独立发电系统第一次实海况试验就获得了成功，这标志着海洋能中的波浪能稳定发电这一世界性难题获得了突破性进展。目前，由广州海电技术有限公司研制的我国第一座漂浮式波浪能发电站已投入建设，这意味着作为主要可再生能源之一的海洋能利用研究取得了很大进展，海洋能应用技术日趋成熟。

(三)海水温差能和盐差能等其他形式的海洋能尚处在实验室原理试验阶段

温差能的主要利用方式为发电。利用不同水层的温度差别，将表面海水视为高温热源，而将深层海水视为低温热源，用热机组成热力循环系统，不断地将冷冻剂蒸发和冷却便可以使涡轮机转动并发电。由于海洋热能资源丰富的海区都很遥远，其利用的最大困难是温差太小，能量密度低，其效率仅有3%左右，而且换热面积大，建设费用高，各国都在积极探索中。20世纪80年代初，我国开始在广州、青岛和天津等开展温差发电研究，1986年广州研制完成开式温差能转换试验模拟装置，实现电能转换，1989年又完成了雾滴提升循环试验研究。目前，天津大学正在开展利用海水温差能作为推动水下自持式观测平台的动力。我国温差能技术完成了原理试验研究，正在进行温差发电的基础性试验研究。

盐差能的利用主要也是发电。盐差发电基本方式是将不同盐浓度的海水之间的化学电位差能转换成水的势能，在盐离子浓度差异的驱动下，淡水可不断向盐水渗透而产生水流，从而可以驱动涡轮机发电。经过计算还发现，如果利用海洋盐分的浓度差来发电，它的能量可排在海洋波浪发电能量之后，比海洋中的潮汐和海流的能量都要大。实际上开发利用盐度差能资源的难度很大，对它的研究还处于实验室实验水平，目前已研究出来的最好的盐差能实用开发系统非常昂贵，离示范应用还有较长的距离。我国盐差能研究也尚处于起步阶段，广州能源所 1989 年对开式循环过程进行了实验室研究，建造了两座容量分别为 10 瓦和 60 瓦的实验台。

当前海洋能的主要利用形式就是发电，除盐差能外，其他发电技术均得到不同程度的应用。我国的海洋能开发在技术方面的特点是：研发起步虽不是太早，但已拥有部分成熟技术，个别技术在国际上具有一定影响。但技术欠全面，在能量转换和能量稳定方面的关键技术亟待突破；已有技术的实用转换率不高，大多数技术商业化开发还需假以时日。①

总体而言，随着我国海洋强国战略的推进，也加快了对海洋能的开发利用研究，海洋能开发和综合利用已取得明显效益。从技术发展水平来看，我国潮汐能发电技术最为成熟，潮汐能利用已实现商业化运行。我国波浪能发电技术已进入示范应用和准商业化开发阶段，完成了实验室模型试验和工程样机海试，波浪能发电技术正在解决可靠性、实用化、高效转化等方面的技术难点。潮流发电技术也已进入示范应用和准商业化开发阶段，我国近年来在国家相关计划和专项资金的支持下，潮流能技术得到了快速发展，进入示范工程阶段。温差能开发利用技术取得一定进展，并研制出工程样机。随着可再生能源的日益重要，我国急需加大对海洋温差能的研究投入。

---

① 史丹、刘佳骏：《我国海洋能源开发现状与政策建议》，载《中国能源》，2013 年第 9 期。

二、急待拓展的海洋能资源空间

海洋能资源空间优势突出、应用前景广阔，而要用好这种“绿色能源”，急需拓展海洋能资源空间。据中海油研究总院海洋能资源首席工程师兰志刚介绍：“中国海洋能蕴藏量巨大，所属海域的波浪能、潮汐能、温度差、海流能、盐差能等各类海洋能资源预计共有 20 多亿千瓦的可开发储量，开发利用前景十分广阔。”

(一)潮汐能的空间拓展

我国蕴藏着丰富的潮汐能资源。对潮汐能的开发利用尽管在我国起步较早，技术条件也较为成熟，但却未能得到应有的重视，发展步履艰难。在开发中，潮汐能的发电机组需要固定安装在海底水流最快的地方，需要较大的船只和起重设备，花费巨大，成本高昂。而且，发电机组必须能承受巨大的压力和水流冲击力，必须有技术支撑。经过多年来对潮汐电站建设的研究和试点，在技术上日趋成熟，在降低成本、提高经济效益方面也取得了很大进展，我国最大的潮汐电站——江厦潮汐电站，装机容量 3100 千瓦，年发电量 1070 万千瓦·时，已全部投产发电；其次为山东乳山县白沙口潮汐电站，设计装机容量 960 千瓦，年发电量 191 万千瓦·时，已有 2 台机组共 160 千瓦并网发电。潮汐发电前景广阔，在满足用电需求的同时，降低石油等非再生资源的消耗，减少环境污染，开发新型环保电站也迫在眉睫。但至今我国开发的潮汐能资源空间不足可开发量的 0.1%，潮汐能作为一种清洁、可再生能源，开发空间潜力巨大。

(二)海流能的空间拓展

20 世纪 90 年代，国内便开始进行海流能开发研究，海洋能独立电力系统示范工程便是以海流能为主的多能互补独立电力系统，这是国内第一次以海流能为主、含太阳能和风能的可再生能源互补发电系统的实际海试，国内海流能利用走出理论研究，正式进入示范工程阶段。开发利用海流能，对企业和国家都有重大的节能减排意义。潮流能资源丰富的地方多集中在近岸海域，这些区域常位于航道、邻近港口或渔业区，因此潮流能开发可能会与其他用海规划产生矛盾，若想实现推广应用，除了要解决技术瓶颈外，还需全面考察海域资源条件及与海洋功能区划的相符性，要在统筹规划的基础上，合理开发。资源分布很不均匀，中国沿岸的潮流能资源在各省沿岸的分布，以浙江沿岸最多，有 13 个水道，理论平均功率为 7.09 吉瓦，占全国总量的 41.9%；其他省区沿岸则较少，广西沿岸最少，仅 23 兆瓦。在各海区沿岸的分布，以东海沿岸最多，有 95 个水道，理论平均功率为 10.96 吉瓦，占全国总量的 78.6%；其次是黄海沿岸，有 12 个水道，共 2.3 兆瓦，占全国总量的 16.5%；南海沿岸最少，共 23 个水道，仅为 680 兆瓦，占全国总量的 4.9%。①

（三）波浪能的空间拓展

与潮流能一样，波浪能也受到一定因素影响，其能量大小与风力呈正相关，虽分布广泛，但开发难度较大。中国沿海波浪能分布基本以长江口为分界线，长江口以北海域波能明显小于其以南海域。此外，深海波能储量明显大于近海及近岸海域，但深海波能利用难度较大。台湾岛东侧沿海海域为我国波浪能最集中海域，全年平均波能功率值基本在 9 千瓦/米左右，海南岛东侧海域次之，全年平均波能功率值在 7 千瓦/米左右，浙江和福建附近海域则是我国大陆省份波能分布较集中的海域。中国大陆海域在北纬 21°—29.5°波能较为集中，其中北纬 28°左右海域波能最集中，该处海域年平均波能功率密度为 5 千瓦/米左右。②

我国有很多波浪功率密度相对较高、开发条件较好的地区和地点。就地区而言，首先是东海的福建、浙江沿岸，其次是广东东部、长江口和山东半岛南部的中段沿岸；具体地点为嵊山岛、南麂岛、大戢山、云澳、表角、遮浪等。这些地区和地点一般具有波功率密度相对较高、季节变化相对较小、平均潮差小、近岸水较深、基岩型海岸、岸滩较窄、坡度较大等优良条件，有利于转换装置设计、安装施工和提高转换效率，是我国波浪能资源开发利

① 施伟勇等：《中国的海洋能资源及其开发前景展望》，载《太阳能学报》，2011 年第 6 期。
② 王绿卿等：《中国大陆沿岸波浪能分布初步研究》，载《海洋学报》，2014 年第 5 期。

用较为理想的地点，应作为优先开发的站址。① 但是，我国沿岸的波浪功率密度在世界上是偏低的。因为波浪发电装置的装机容量和发电量与平均波高的平方成正比，装置的尺度和造价与平均波高的平方成反比，致使我国波浪发电装置的单机装机容量不易扩大，单位装机容量的体积大、造价高、发电量低，这给我国的波浪能技术研发增加了难度。

（四）海洋温差能的空间拓展

相比潮流能和波浪能，温差能则更加稳定。由于我国夏季普遍高温的气候特点，各个海域的温差能储量都十分丰富。海洋是全世界最大的太阳能收集器，同样面积的海洋要比陆地多吸收 10%～20%的热量，海水的热容量比土层大两倍。6000 万平方千米的热带海洋一天吸收的太阳辐射能，相当于 2500 亿桶石油的热能，如果将这些储热的 1%转化成电力，也将相当于有 140 亿千瓦装机容量。从理论上说，冷、热水的温差在 16.6℃即可发电，但实际应用中一般都在 20℃以上。凡南北纬度在 20°以内的热带海洋都适合温差发电。例如，我国西沙群岛海域，在 5 月份测得水深 30 米以内的水温为 30℃，而 1000 米深处仅 5℃，完全适合温差发电。大海里蕴藏着巨大的热能，据估计只要把南北纬 20°以内的热带海洋充分利用起来发电，水温降低 1℃放出的热量就有 600 亿千瓦发电容量，全世界人口按 60 亿计算，每人也能分得 10 千瓦，前景十分诱人。海水温差发电，早在 19 世纪就有人提出过设想，1930 年在法国首次试验成功，只是当时发出的电能不如耗去的电力多，因而未能付诸实施。世界上第一座试验性海水温差发电厂直到 1979 年 8 月才在美国夏威夷问世，这座电厂的发电能力为 50 千瓦，它设在一艘驳船上，试验发电成功表明海水温差发电将很快具备商业价值。日本一座 75 千瓦试验工厂的试运行证明，由于热交换器采用平板装置，所需抽水量很小，传动功率的消耗很少，其他配件费用也低，再加上用计算机控制，净电输出功率可达额定功率的 70%，每千瓦时的发电成本比柴油发电价格还低。人们预计，利用海洋温差发电，如果能在一个世纪内实现，可成为新能源开发新的出发点。

① 施伟勇等：《中国的海洋能资源及其开发前景展望》，载《太阳能学报》，2011 年第 6 期。

(五)海洋盐差能的空间拓展

盐差能资源分布不均，由于其资源储量取决于入海的淡水量和海水的盐度，所以盐差能资源的分布具有与入海水量分布相同的不均匀性。我国盐差能资源主要分布在长江口及其以南大江河入海口沿岸。其中以长江口最多，可开发装机容量7022兆瓦，占全国总量的61.86%；珠江口为2203兆瓦，占全国总量的19.4%；合计占全国总量的81.24%。由于盐差能开发技术研究的历史较短，技术上尚处于原理性探讨和实验室研究阶段。关于盐差能开发对环境条件的要求，还了解较少，因此对开发条件的评估尚难于进行。①

21世纪是海洋的世纪，海洋是我国宝贵的蓝色国土，提高海洋资源空间开发能力是建设海洋强国的重要基础和保障，我国要提高海洋资源空间开发能力，尤其是要着力推动海洋能资源空间的拓展。我国海洋能资源蕴藏量丰富，开发潜力大，应大力提倡和鼓励。从理论上来说，海洋中蕴含的能量足以满足全球的电力需求，而且不会产生任何污染。另外，与风能或太阳能技术相比，尽管海洋能发电技术要落后十几年，但其具有独特的优势：能量密度高，波浪能的能量密度是风能的4~30倍；与太阳能相比，海洋能不受天气的影响，更加稳定可靠。此外，海洋能也拥有地理上的优势：全球有大约44%的人生活在距离海岸线150千米内。尽管潜在的环境影响还有待进一步调查，但许多研究者认为，海洋能是比风能更理想的能量来源。随着科学技术的发展进步，海洋能利用的障碍也在一点点被克服。近年来，关于海洋能利用的研究和试验热度也在不断增加。有人说，海洋能将是21世纪的能源，我们期待这样的预言能够真正实现。②

目前，制约我国海洋能发展的主要因素是法律、政策的支持不够。抓紧制定可行的海洋能中长期发展规划，建立和完善政策体系才能有效促进我国海洋能的长远、健康发展。自2005年《可再生能源法》颁布以来，在国家一系列法规、政策激励下，我国的海洋能研发渐趋活跃，关于海洋能的学术研讨渐多，部分常规能源集团纷纷表示对海洋能的关注，民营海洋能技术研发公

① 施伟勇等：《中国的海洋能资源及其开发前景展望》，载《太阳能学报》，2011年第6期。
② 刘建强：《海洋能：诱人的开发前景》，载《北京日报》，2014年6月11日。

司开始设立。2009 年，国家投资约 5000 万元支持“海洋能开发利用关键技术研究与示范项目”，2010 年 6 月国家海洋局会同财政部制定了《海洋可再生能源专项资金管理暂行办法》，拨付 2 亿元专项资金以加大对海洋能研发利用的投入。国家海洋局在调研的基础上，制定了《2010 年海洋可再生能源专项资金项目申报指南》，明确了以下资金投向的重点：海洋能独立电力系统示范工程、海洋能并网电力系统示范工程、海洋能开发利用关键技术产业化规范、海洋能综合开发利用技术研究与实验、标准制定及支撑服务体系建设。相对于其他可再生能源和海洋能开发的需求来说，尽管财政资金的投入力度和规模可能远远不够，但毕竟向前迈出了可喜的一步。要抓住《中华人民共和国可再生能源法(修正案)》出台实施的有利时机，扩大对我国海洋能现状、问题、前景、意义的宣传，提高全社会对发展海洋能重要性的认识，使海洋能开发在国家整体可再生能源发展规划中占有应有的权重。尽快明确海洋能开发中长期规划量化目标，研究海洋能发电的并网问题，加大海洋能研发和示范工程的资金投入。随着《中华人民共和国可再生能源法(修正案)》贯彻实施，我国海洋能开发利用将逐渐步入良性循环的发展轨道。

完善海洋能开发利用的综合管理制度。国外经验表明，海洋能开发利用项目规划管理中必须坚持综合管理的理念。目前，我国海洋管理还停留在以地方行政管理和行业管理为主的层次上，离综合管理的要求还相去甚远，不利于海洋能资源的统筹规划和有效利用。为此，必须在结合我国海洋能资源和海洋管理体制的基础上，认真总结、完善和推广，探索海洋能开发利用综合管理新路子。首先，要制定关于海洋能开发利用的综合、整体性规划，该规划要建立在海洋功能区划而非行政区划的基础上，统筹安排好各不同区域的资源，确保在最优利用的同时不对生态环境造成恶劣影响。其次，从组织结构上看，要成立整合性的领导机构来总体上规划管理全国海洋能开发项目，促进各有关部门之间的协调合作。最后，要完善当前的海洋行政管理体制，充分发挥地方积极性。完善海洋可再生能源开发项目的环境保护制度，是海洋能得以持续开发的必要前提。在海洋能开发中，环境保护的制度、措施应该得到严格遵守，有关措施、程序应予以细化和补充，环境保护主管部门、国家能源主管部门、国家海洋管理部门、地方政府应在完善海洋可再生能源开发项目的环境保护制度方面达成一致行动。

虽然我国海洋能资源开发建设已经起步，但海洋能资源空间设备技术标准和建设管理体系尚不健全，总体处于分散探索阶段，还没有相应的标准和规程规范。关于如何评价海洋能开发效益的研究还处于起步阶段，并未形成统一的规范，我国还远不是海洋能研发和利用大国。虽然我国海洋能资源总量非常丰富，但各种海洋能的储量和特点又是随时间和海域的变化而变化，这种时空差异给海洋能的开发和利用带来了困难。在国家建设海洋强国战略的大背景下，虽然各地政府都积极参与开发和利用海洋能，但并没有形成统一的海洋能勘查和评价方法的标准，因此建立海洋能开发对社会经济影响的评价技术规范体系显得尤为紧迫和重要。[①] 通过建立和完善海洋能资源空间开发技术标准和建设管理体系是促进海洋能健康发展的重要任务。海洋能项目建设要把支持建立技术标准和管理体系作为一项重要任务，按要求做好工作：一是海洋能资源空间开发要处理好与渔业、海事、军事和环境保护的关系，对如何合理高效利用海洋能资源空间、如何科学评价海洋能发电对海域的影响进行监测研究；二是由于海洋能资源空间所处的环境特殊，使海洋能发电机组质量要求相对较高且容易受损，因此要加强海洋能空间开发设备的认证和运行监测；三是做好海洋能资源空间开发技术标准和建设规程规范；四是加强海洋能资源空间建设成本分析和政策研究。目前海洋能资源空间建设刚刚起步，对影响海洋能资源空间建设成本的因素尚未完全摸清，因此，要结合海洋能开发项目，对影响海洋能资源空间开发成本的因素和关键环节进行分析调查和检测统计，为完善海洋能资源空间开发政策提供依据。

三、海洋能资源空间日益受到重视

随着我国节能减排、应对气候变化战略的实施，海洋能作为清洁、可永续利用、储量丰富的可再生能源，越来越得到国家和社会的重视。近年来，

---

① 殷克东、黄杭州：《海洋能开发对社会经济影响的评价研究》，载《中国海洋大学学报》（社科版），2014 年第 1 期。

在中央资金大力支持下，大批海洋能发电装置进入海上发电试验和工程示范阶段，海洋能开发的海上活动蓬勃发展起来。最新一轮的《全国海洋功能区划》《全国海岛保护规划》《海洋可再生能源发展“十三五”规划》等国家层面的规划均对海洋能的发展和布局作出了重要部署，海洋能开发已经上升为国家战略。《全国海洋功能区划》为我国主张管辖海域划定了十种主要海洋功能区，其中包括海洋能利用区。这预示着海洋能在海岛和某些大陆海岸将很有发展前景。

2013 年年底，国家海洋局印发了《海洋可再生能源发展纲要 2013—2016 年》，明确了中国海洋能资源空间发展的五项重点任务：一是突破关键技术，重点支持具有原始创新的潮汐能、波浪能、潮流能、温差能、盐差能利用的新技术、新方法以及综合开发利用技术研究与试验；二是提升装备水平，重点开展发电装置产品化设计与制造，优先支持较成熟的海洋能发电技术开展设计定型；三是建设海洋能电力系统示范工程和近岸万千瓦级潮汐能示范电站等示范项目；四是健全产业服务体系，制定海洋能资源勘察、评价、装备制造、检验评估、工程设计、施工、运行维护、接入电网等技术标准规范体系；五是在前期海洋能资源调查基础上，重点开展南海海域海洋能资源调查及选划。2016 年，要建成具有公共试验测试泊位的波浪能、潮流能示范电站以及国家级海上试验场，为我国海洋能产业化发展奠定坚实的技术基础和支撑保障。

2014 年全联新能源商会组织的“国际海洋能发展现状及合作前景展望”沙龙，原国土资源部海洋办公室副主任、中国高科技产业化研究会海洋分会名誉副理事长肖汉强指出，大力发展可再生的海洋能资源，可相对减少我国能源需求中化石能源的比例和对进口能源的依赖程度，提高我国能源、经济和生态的安全保障。特别是随着全球能源消费的迅速增长，能源安全问题和能源环境问题越来越成为国际社会高度关注的问题，各国都在努力研究、开发利用新的能源。未来 30 年，全球范围内使用经济环保的可再生能源的需求将会不断增加，其中海洋能以其独特的魅力吸引了世界各国的目光。同时，人类利用海洋能等可再生能源的效率将会不断提高，其成本也会越来越具有竞争优势。发展海洋能是确保国家能源安全、实施节能减排的客观要求，是提升国际竞争力的重要举措，是解决我国沿海和海岛能源短缺的主要途径，是培育我国海洋战略性新兴产业的现实需要。因而，在目前严峻的能源形势下，我国海洋能的开发与利用有望迎来新一轮发展契机。[①]

2015 年第四届中国海洋可再生能源发展年会暨论坛在山东省威海市举行，来自国内外 40 家科研单位约 200 名专家汇聚威海，为中国海洋能发展献计献策。论坛上透露，中国正在山东威海、浙江舟山、广东万山规划建设三个海洋能海上试验场，这三大海洋能试验场将作为中国海洋能发电装置试验、测试与产业孵化基地，为快速提升中国海洋能技术成熟度，推动中国海洋能产业发展提供支持，预计到 2020 年有望完成基本试验场建设工作。我国海洋能资源相当丰富，如果能够有效开发利用，将大大缓解沿海地区的能源供给压力。如今，我国首个国家级浅海海上试验场已于 2014 年 11 月落地山东威海，该试验场海域的波浪和潮流资源可满足波浪能、潮流能发电装置模型，小比例尺样机试验的需求，同时周边科研、交通、制造加工等基础条件优越，可为后续试验场的建设运行积累经验。潮流能试验场选址浙江舟山，舟山海域的潮流能资源优越，是我国潮流资源最好的海域，可以充分开展兆瓦级潮流能发电装置的实海况试验、测试和评价。试验场潮流能年均能流密度为 1.5 千瓦/米，规划建设 3 个各具备 1 兆瓦测试能力的泊位。波浪能试验场选址广东万山，该海域波浪资源条件优越，是我国近岸波浪条件最好的海域之一，可充分满足对波浪能发电装置大比例尺样机及原型样机开展试验、测试和评价的需要。该试验场年均波能密度 4 千瓦/米，自 2015 年起开展国家波浪能试验场 3 个测试泊位及其配套设施的建设工作。目前，威海浅海海上综合试验场已经进入建设阶段，舟山潮流能试验场和万山波浪能试验场已完成选址和总体设计。[②]

2016 年国家海洋局印发《海洋可再生能源发展“十三五”规划》，指出我国海洋能发展迅速，已进入从装备开发到应用示范的发展阶段，明确了发展目

① 《开发能力待提高海洋能商业化前景广》，载《中国工业报》，2014 年 4 月 17 日。
② 《我国海洋能产业发展方兴未艾》，载《经济日报》，2015 年 7 月 15 日。

标：“到2020年，海洋能开发利用水平显著提升，科技创新能力大幅提高，核心技术装备实现稳定发电，形成一批高效、稳定、可靠的技术装备产品，工程化应用初具规模，一批骨干企业逐步壮大，产业链条基本形成，标准体系初步建立，适时建设国家海洋能试验场，建设兆瓦级潮流能并网示范基地及500千瓦级波浪能示范基地，启动万千瓦级潮汐能示范工程建设，全国海洋能总装机规模超过50 000千瓦，建设5个以上海岛海洋能与风能、太阳能等可再生能源多能互补独立电力系统，拓展海洋能应用领域，扩大各类海洋能装置生产规模，海洋能开发利用水平步入国际先进行列。”

我们相信，在不远的将来，随着国家对海洋能发展的重视以及经济社会的快速发展，这一发展目标一定能够实现。

第六章

中国海洋文化资源空间

辽阔的海洋不仅给人类提供了丰富的物质资源，是人类持续健康发展的潜在物质空间，同时它还蕴藏着巨大的文化资源，是人类追求精神需求的重要源泉。所谓资源，广义而言是指“人类生存发展和享受所需要的一切物质和非物质要素，也就是说，在自然界和人类社会中，一切有用的事物都是资源”。但是，从目前海洋资源研究的成果来看，研究焦点主要集中在满足人类物质需求的资源，尤其是生物、矿产、能源方面，鲜少把满足人类精神文化需要的文化资源同物质资源放至一起统筹研究。然而，精神如同物质一样都是人类不可或缺的需要，特别是在生活水平不断提高后，精神文化追求更是日益突出，因此，我们必须正视海洋文化资源空间的研究。

海洋文化资源是人类在开发利用海洋过程中形成的能满足人类需要的物质与非物质成果，它是海洋人文资源的核心内容。海洋文化资源产生于人文海洋空间，人类活动的海洋范围与历史积淀即是海洋文化资源空间的界域。海洋文化资源空间的伸缩变化与海洋文化资源量息息相关，探讨海洋文化资源空间可以从海洋物质文化资源与非物质文化资源两个构成要素着手，列举各种类型的海洋文化资源，分析其利用价值及当前的开发状况，并指出海洋文化资源空间变化的因素，提出空间维护之策。

海洋物质文化资源，是指为了满足人类生存和发展需要所创造的物质产品及其所表现的文化，诸如山海文化资源、海洋聚落文化资源、海洋生产生活文化资源、海洋交通文化资源、海洋军事文化资源等。非物质文化资源，是指在海洋活动中形成的制度、精神层面的资源，诸如海洋制度文化资源、海洋风俗文化资源、海洋信仰文化资源、海洋文学艺术资源等。

海洋物质文化资源

人类的海洋活动中，有为了征服海洋而创造的生产工具、交通工具，有依海而居留下的生活遗迹，有为抵御海洋天灾人祸而建筑的工程、军事设施，亦有海上商贸的货物与组织遗存，还有许多制度、精神文化的物质载体。

一、海洋生产生活文化资源

采集、渔猎是原始人群重要的生存手段，沿海人群以海为生，他们留下了大量的历史遗址、遗迹。透过这些发掘出来的物质文化遗存，我们可以更好地了解原始时代沿海人群的生产生活情况。中国沿海各地发现的海洋性贝丘遗址是最直接的原始时代海洋生产生活文化资源。贝丘遗址中有原始人群食用后层层堆积的贝壳和鱼骨，还有一些海洋生产的工具。贝丘遗址在我国沿海有广泛分布，较具代表性的海洋贝丘遗址有辽宁小珠山遗址、广东虎门镇贝丘遗址、山东蓬莱沿海贝丘遗址、福建昙石山遗址等。

辽东半岛的贝丘遗址十分丰富。诸如，2013 年被列入第七批全国重点文物保护单位的小珠山遗址，该遗址不仅发现有众多的海洋类贝壳，如长牡蛎、海螺、海蛤、鲍鱼等，而且还有大量的石网坠、石球、骨镞、石镞等海洋渔猎工具。此外，在大长山岛上发现的马石贝丘遗址，具有相当的规模，整个遗存长约 300 米、宽约 150 米，贝壳堆积厚度为 0.6~3 米；小长山岛大庆山北麓的贝丘遗址，范围更大，遗存南北长 500 米，东西宽约 300 米，贝壳堆积厚度为 0.3~1.5 米；在英杰村西岭东地的贝丘遗址，长约 400 米，宽约 300 米，堆积厚度为 0.3~2.5 米；而广鹿岛东西大礁贝丘，长宽各约 200 米，贝壳堆积厚度达1~2.5 米。这些贝丘遗址的存在，说明了海洋渔猎活动在远古先民经济生活中的重要地位，多彩多姿的贝壳正折射着远古海洋文化的熠熠光辉。

位于山东半岛的北辛文化遗址、白石文化遗址、大汶口文化遗址、龙山文化遗址等也发现过许多贝丘文化的遗存，特别是山东胶县三里河的大汶口文化遗址中，出土了 5000 年前的海产鱼骨和成堆的鱼鳞，其所属主要是鳓鱼、黑鲷、梭鱼和蓝点马鲛 4 种，反映了我们的先民与海洋的密切关系。此外这些遗址中曾出土大量的渔猎工具，其制作方法已比较先进，如发现有带双排或三排倒刺、尾部钻孔的鱼镖，牙质鱼钩，陶制网坠，等等，比较集中地体现了北方滨海地区大汶口——龙山文化形态中海洋文化的痕迹。[1]

---

[1] 黄顺力：《海洋迷失：中国海洋观的传统与变迁》，南昌：江西高校出版社，1999 年，第 3-4 页。

中国利用海水生产食盐的历史悠久，相传炎帝、黄帝时期的夙沙氏就已经开始教民煮海水为盐，古老的典籍《尚书·禹贡》就有记载："海岱惟青州，厥贡盐……"此外，盐业活动中还留下大量的遗址、遗迹，20 世纪 50 年代在福建出土的文物中有煎盐器具，证明了仰韶时期(公元前 5000 年至公元前 3000 年)当地已学会煎煮海盐。2008 年，考古人员在山东省寿光市双王城水库周围建设工地进行大面积考古发掘时，出土了商代至西周时期的两处制盐作坊遗址以及一批制盐工具，同时还发掘出土多个卤水坑井、蒸发池、蓄水坑以及两个煮盐用的大型灶台。专家称，发现如此密集的与制盐有关的古代制盐作坊遗址时间之早、规模之大，在我国盐业考古史上尚属首次。经专家研究，遗址被断定为历经新石器、商、周、金、元等时期的盐业遗址。双王城盐业遗址群生动地展示了山东半岛的海盐生产。而散布于沿海各地的"盐宗庙"更是说明了海盐与人们生活的紧密联系。

渔业捕捞还离不开渔具，在沿海的渔民家庭随处可见，其中网是主要工具。沿海渔民最早是用简单的网具在海边捕捞。明朝出现了撩网、棍网等浅海捕捞网具。清朝以后出现了远海捕捞网具。旧时，渔网主要靠渔家妇女编织。梭子是织网的主要工具，用竹子制成，其上有一个过线的方孔，一头尖，另一头有两个挡线脚。织网时，采用麻绳和棉线。20 世纪 60 年代以后，先后采用尼龙胶丝线、聚乙烯线、聚丙烯线等。①

沿海一带常有狂风大浪，沿海人民为了抵御灾害的破坏，维护正常的生产生活，建设了海堤、海塘。我国在汉代时已有海堤，钱塘江海堤最为出名，钱塘江河口有世界闻名的涌潮，潮头壁立，波涛汹涌，其高度可达 3.5 米，最大潮差达 8.9 米，曾测到的流速 12 米/秒，海塘顶放置古时铸造的 1.5 吨重的"镇海铁牛"被涌潮推移十余米远。为抗御涌潮对海堤的强大破坏力，清代就修筑鱼鳞石塘，现在采用海堤、丁坝、盘头、沉井等工程，构成一套防潮浪的建筑群，在缩窄江道、稳定河槽、围垦滩涂的技术措施上有所发展。钱塘江海堤(盐官海塘)于 2001 年被列为全国重点文物保护单位。福建省莆田市

① 许桂香：《中国海洋风俗文化》，广州：广东经济出版社，2013 年，第 71 页。

的镇海堤也是著名的抗海潮工程，该堤是为了保护围垦的埭田，于唐元和元年(806年)创建，清道光七年(1827年)重修石堤，改称“镇海堤”，海堤总长87.5千米，2006年被国务院批准为全国重点文物保护单位。

二、海洋聚落文化资源

聚落，本意村落，人们聚居的地方，广义上包括都市、城镇、乡村等。古代的聚落往往具有多种功能，比如城市，“城”是指具有防御功能的城池，“市”则是指贸易、交换功能，现在的城镇多指人口集中、工商发达的聚居地，成为一个地区政治、经济、文化中心。

中国五千年的历史文明，迄今留下来的历史名城众多，其中海洋历史文化名城及古渔村、古集镇占据着重要的地位，我国滨海和近海有秦皇岛山海关、天津、青岛、扬州、上海、宁波、临海、福州、泉州、漳州、潮州、广州、雷州、琼山等十几座国家级历史文化名城，这些历史文化名城景观当中，有的很有特色，在海外交通、边防、手工业方面有其特殊之处，这类城市是我国古代科技、文化的标志和结晶，如泉州早在南宋时期就是我国的对外大港，宋元时期是全国著名的造船中心。

还有不少省级名城和历史文化村、镇，如山东省区域性文化名城就有青州、莱州、蓬莱、烟台、威海、文登、胶州、即墨等。这些名城或作为海防重地、或作为通商港口，海洋文化在其城市发展中留下深刻的历史烙印。[①]

通过考古挖掘，一些原始时代的海洋聚落文化遗址呈现在今人的眼前。山东省长岛县北庄海洋聚落文化遗址是北方新石器晚期的一个代表，该遗址坐落于渤海口庙岛群岛的大黑山岛上。经1981—1987年五次挖掘后认为，北庄遗址距今6000~3500年，早期的北庄一期、北庄二期相当于中国的半坡文化时期。在各期文化遗存中，以北庄一期、北庄二期的遗存最为丰富，包括房址、灰坑、墓葬等遗迹及大量的石器、骨器、陶器等实物资料。北庄遗址最为出名的是北庄房址，经过挖掘的房址有90多座，大多为半地穴式，平面一般为圆角长方形或圆角方形，有一个门道，1~3个灶。

① 王苧萱：《中国海洋人文历史景观》，载《海洋开发与管理》，2007年第5期。

北庄遗址房屋的建造，有的采用承重结构与维护结构相结合的方式。坑中心的柱子与坑壁四周的柱子，起到承担屋顶重量的作用；坑壁周围的柱子，还支撑起房屋四壁的围墙，起维护作用。有的采用承重结构与维护结构分开设置的方式，即房屋的围墙在坑壁四周柱子的外侧单独建立。屋顶的结构，根据柱洞分布的情况看，应为死角攒尖顶。为方便出入，或在房屋的东南角，或在房屋最南侧，设有斜坡门道，上设门棚。房屋内的居住面，用黄土铺设而成，加工坚实平滑，有的上面还有一层白色的料姜石粉末，灶周围还有一圈高数厘米的灶圈。

北庄遗址发掘了数十座墓葬，其中“房址葬”、多人集体合葬墓，在胶东地区极为罕见。北庄出土的合葬墓，从墓内头骨及肢骨的数量来看，系多个个体。墓中大部分头骨堆放在一起，大量的肢骨整齐地排列在一起，都错开了骨骼原位，显然经过二次移动。此墓属于二次迁移的多人合葬墓。男女老少或一次或二次葬于同一墓坑中，说明以血缘关系维系的母系氏族组织仍具有较强的凝聚力。北庄遗址是山东沿海发现最完整的聚落遗址，这使我们更全面、更完整地认识和解读古老的海洋聚落文化。[①] 该遗址于 1996 年被国务院确定为第四批全国重点文物保护单位。

南方沿海一些渔村也保留着反映传统海洋聚落的遗存，从闽粤一带“蚝壳屋”这种建筑可见一斑。蚝壳屋，即用牡蛎壳镶嵌建成的房子，在闽南也称为“蚵壳厝”。闽粤沿海盛产牡蛎，其壳质地坚硬，用这种材料建成的屋子，冬暖夏凉，而且不积雨水，不怕虫蛀，很适合闽粤海边的气候。蚝壳屋的墙体大都挑选大蚝壳两两并排，堆积成列建成，后再用泥沙封住，使墙的厚度达 80 厘米左右。

蚝壳多是就地取材，但是一些大蚝壳往往不是本地所产，福建省泉州市埔村的蚵壳厝，始建于宋末元初，据专家考证，此种蚵种产于非洲东海岸。当时，泉州是中国对外贸易的重要港口，大部分载满丝绸、瓷器的商船从埔起航，沿着闽南沿海航行到达南洋，经印度洋、非洲东海岸，然后再到北岸

---

① 根据《揭开北庄遗址神秘面纱》一文整理，载《烟台日报》，2007 年 12 月 1 日。

卸货。返航的时候，如果舱内不载货就会形成空船，重心不稳则不利于航行，于是船员们就将散落在海边的蚵壳装在船上压舱，载回后就堆放在埔海边。元末明初，富裕之地泉州，经常受到倭寇的侵扰，曾数度遭遇劫难，先民因无力重建新房子，就因地制宜捡些碎石砌成"出砖入石"的墙，再把海边的蚵壳捡来嵌饰在墙的外侧，这就是早期的蚵壳厝。

三、海洋交通文化资源

交通是海洋的主要功能之一，我们的祖先早就认识到海洋可"通舟楫之便"。舟船是海上交通的主要工具，我国人民研制出各种类型的海船，经历了从木壳无动力船到铁壳动力船的转变。为了建造、维修船只，沿海各地还建成了诸多造船厂和维修中心。此外还有船舶的停靠港。

最原始的舟船是独木舟，即将原木凿空后用桨划行。到了商代，我国已可造出有舱的木板船，春秋战国之际，为满足战争需要，齐国、吴国都有水上舰队。汉代的造船技术进一步得到发展，船上除了桨外，还有锚、舵。汉武帝征南越，建造的楼船上层建筑 3~4 重，高 10 丈(约 30 米)，可载千人。唐代，李皋发明了利用车轮代替橹、桨划行的车船，并应用了水密隔舱。宋代，船普遍使用罗盘针(指南针)，同时，还出现了十桅十帆的大型船舶。15 世纪，中国的帆船已成为世界上最大、最牢固、适航性最优越的船舶。至明代郑和下西洋，我国木船制造达到最高水平，据船队随行人员马欢《瀛涯胜览》等史籍的记载："宝船六十三号，大者长四十四丈，阔一十八丈；中者长三十七丈，阔一十五丈。"按明尺 31.1 厘米计算，大船的船长 139 米，宽 56 米。虽然学界对该记载仍有争议，但无疑明代宝船是当时海上的庞然大物。

鸦片战争后，清政府感受到西方"坚船利炮"的厉害，开始试制铁壳机动轮船。我国自制的第一艘轮船是"黄鹄"号，该船由曾国藩创办的安庆内军械所建造，1862 年徐寿、华蘅芳等人开始研制，四年后建成。"黄鹄"号是艘木质明轮船，载重 25 吨，长 55 尺(约 18 米)，高压引擎，单气筒，航速每小时 10 千米。在此之后，我国开始着手制造铁壳轮船，江南制造局 1874 年开建，

1876年完工的“金瓯”舰，虽然不大，排水量仅195吨，功率304马力[①]，但它是我国最早的铁壳轮船。

我国人民的造船活动留下了丰富的物质文化资源，发掘出土了众多古代船只。据推测，仅在我国沿海海岸一带，就有超过2000艘的沉船。1955年广州出土的东汉墓中陶制船模，是现存世界上最早的有舵船的模型。1960年、1973年，分别在江苏省扬州市施桥镇与如皋县出土了一条唐代木船，这两条木船都采用了钉接榫合技术，使船的强度大大提高。1974年在泉州湾出土的一艘宋代古船，保存较为完整。这艘古船残长24.2米，载重量为200吨，是一艘远洋帆船。它具有夹底造型、三重壳板、多根桅杆、隔密舱多等特点。反映出规模巨大、结构坚固、宜于装载、抗风力强、稳定性好、吃水深等适于远洋航行的优良造船技术。

近些年更为出名的当属“南海一号”的考古挖掘。“南海一号”是南宋初期一艘在海上丝绸之路向外运送瓷器时失事沉没的木质古沉船，沉没地点位于中国广东省阳江市南海海域，1987年在阳江海域发现，是国内发现的第一个沉船遗址，距今800多年，但因技术及资金问题而延迟研究。“南海一号”长约30.4米，宽约9.8米，高约4米，排水量约800吨，载重量约400吨。它是迄今为止世界上发现的海上沉船中年代最早、船体最大、保存最完整的远洋贸易商船，它将为复原海上丝绸之路的历史、陶瓷史提供极为难得的实物资料，甚至可以获得文献和陆上考古无法提供的信息。此后试探发现，船上载有文物6万~8万件，且有不少是价值连城的国宝级文物。2007年12月22日，“南海一号”整体出水。2015年1月28日，经过7年的保护发掘，南宋古沉船“南海一号”表面的淤泥海沙贝壳等凝结物被逐层清理，船舱内超过6万件层层叠叠、密密麻麻的南宋瓷器得以重见天光，展现在世人面前。[②]

造船厂是海洋交通文化资源另一重要体现。春秋战国时期，我国南方已有专设的造船工厂——船宫。唐宋时期造船厂明显增加。唐朝的造船基地主

---

① 1马力≈0.735千瓦。

② http：//baike. baidu. com/link？ url = dqzBW5hTQD - GDkl - EV1rLEiPVB4561qNe8erN6eOn4WN3f1i70_ GKygqzVT8qmL0Juqrq7yKn2Q16IsJ4RFuTl4PsEpRSdmLZWffteuBNP3，2015年7月21日访问。

要在宣城、镇江、常州、苏州、湖州、扬州、杭州、绍兴、临海、金华、九江、南昌以及东方沿海的烟台、南方沿海的福州、泉州、广州等地。这些造船基地设有造船厂，能造各种大小河船、海船、战舰。到了宋朝，东南各省都建立了大批官方和民间的造船厂。每年建造的船只越来越多，仅明州(浙江宁波)、温州两地就年造各类船只600艘。吉州(江西吉安)船厂还曾创下年产1300多艘的纪录。明朝时期造船厂分布之广、规模之大、配套之全，在历史上是空前的，主要的造船厂有南京龙江船厂、淮南清江船厂、山东北清河船厂等。如龙江船厂年产就超过200艘，它还以建造大型海船而著称。1957年在龙江船厂遗址出土一个全长11米以上的巨型舵杆，令人叹为观止。龙江船厂遗址于2006年入选第六批全国重点文物保护单位。再如清江船厂，有总部四处，分部82处，工匠3000多人，规模也甚为可观。明朝造船工厂有与之配套的手工业工场，加工帆篷、绳索、铁钉等零部件，还有木材、桐漆、麻类等的堆放仓库。[1] 而清代建造的江南造船厂、福州船政局，其场地今天或建立了船政文化博物馆，或仍然发挥着造船的功能。其中，福建船政建筑还于2001年选入第五批全国重点文物保护单位。

港口是船只的起航地与停靠点，同时为船上运载之货物与人员的集散地，因而在各个港口都会发现服务于海洋交通而建的配套设施。为了船只的航行安全，人们还在海上航线上树立了众多灯塔之类的标示物。以浙江省为例，浙东沿海有十大灯塔，分别是白节山灯塔、半洋礁灯塔、鱼腥脑岛灯塔、洛伽山灯塔、七里峙(屿)灯塔、东亭山(外洋鞍岛)灯塔、太平山(大鹏山)灯塔、北渔山灯塔、东门灯塔、小龟山灯塔，浙东沿海灯塔被整体列入2013年第七批全国重点文物保护单位。

四、海洋商业物质文化资源

我国自汉代就开辟了海上丝绸之路，中外海上贸易历史源远流长。海洋商业文化中，代表物质文化的有贸易商品和各地的商帮会馆。

---

① 王崇焕：《中国古代交通》，北京：商务印书馆，1996年，第98页。

从《史记·货殖列传》《汉书·地理志》和《后汉书·地理志》等史籍的记载可知，广东、广西两省的番禺、徐闻、合浦等地是汉代主要的外贸口岸。据史籍记载和广州南越王墓出土文物考证，出口商品主要有丝织品、黄金、陶器、青铜器等，进口商品主要有珠饰、犀角、象齿、玳瑁、璧、琉璃、珊瑚、玛瑙、水晶、香料、银盒、金花泡饰、陶熏炉、陶灯俑等，其中丝绸最为大宗。

隋唐时期，随着经济的发展、海外交通能力的提升，以及海外贸易政策的吸引，中外海上贸易的范围进一步扩大，商品类型也更为繁多。在出口商品方面，主要有陶瓷、丝织品、灯具三大品牌货，在埃及、伊朗、巴基斯坦、伊拉克、印度尼西亚等地都出土过这些中国瓷器。此外，出口货中还有铁器、漆器、宝剑、马鞍、围巾、貂皮、麝香、沉香、肉桂、高良姜等。进口商品除传统的象牙、犀角、珠玑、香料外，还有不少海外特产，如白檀、郁金、菩提树、胡椒、补骨脂、青黛、珊瑚、琥珀、炉甘石、波斯枣、橄榄、波罗蜜、水仙花等。①

宋元时代是我国海外贸易的高峰，贸易范围远达非洲东海岸，1898 年有德国人在东非索马里发现宋代的铜钱。据周去非《岭外代答》、赵汝适《诸蕃志》等书记载，与宋朝通商的国家和地区有五十多个，其中宋代海舶直接到达的有二十多个。宋代的手工业品和原料大批运往海外，“凡大食、古逻、阇婆、占城、勃泥、麻逸、三佛齐……并通货易，以金、银、缗钱、铅、锡、杂色帛、精粗瓷器市易香药、犀象、珊瑚、琥珀、珠、矿、宾铁、鼊皮、瑇瑁、玛瑙、车渠、水晶、蕃布、乌樠、苏木之物”。主要输出丝帛、瓷器、中药、贵金属以及大量的铜钱，输入的舶货主要是香药，如犀角、象牙、胡椒、丁香、乳香等。②

中国海域诸多宋元时代的古沉船，其运载的货物恰是这一时期进出口商品的直接体现。“南海一号”是一艘出口的远洋运输船，从考古挖掘来看，该船主要搭载的货物有金、银、铜、铁、瓷类等。已出水数千件完整瓷器，不

① 司徒尚纪：《中国南海海洋文化》，广州：中山大学出版社，2009 年，第 107 页。
② 王隶：《宋代经济史稿》，长春：长春出版社，2001 年，第 162 页。

少瓷器极具异域风格，汇集了德化窑、磁灶窑、景德镇、龙泉窑等宋代著名窑口的陶瓷精品，品种超过 30 种。“南海一号”还出土了许多“洋味”十足的瓷器，从棱角分明的酒壶到有着喇叭口的大瓷碗，都具有浓郁的阿拉伯风情。在沉船点发现铜钱已达上万枚。其中，年代最老的是汉代的五铢钱，年代最晚的是宋高宗主政期的绍兴元宝。

除了陶瓷这类人们熟知的中国特产，“南海一号”还向外输出铁器，800 多年后，它们已经面目全非。“南海一号”船舱里面还有两样比较大宗的东西，就是铁锅跟铁钉，铁锅跟海水发生作用后，一摞一摞地变成了铁疙瘩；铁钉个体较大，二十多厘米长，都是拿竹篾包扎的，数量非常多。另外还有许多铜制类金属商品，如铜环、铜珠等。对两者的用途，考古人员还未能做出确切断定。专家分析说，从这些制品的外观看，只是经过初步的铸造或打磨，像铜环等上面并无花纹等装饰的痕迹，有可能是“南海一号”的船主将中国造的半成品运往海外进行深加工。

明清时期对民间海外贸易管控较为严格。明初为应对海上反抗势力，明政府逐步收紧海疆政策，乃至“片板不许下海”，之后又遭遇倭寇骚扰，致使明中叶民间海外贸易仍被禁止，官方控制下的朝贡贸易居于主导地位。海禁政策禁绝了沿海人民的生计，民间干起了“犯禁”式的贸易活动，由此也加剧了海疆的纷乱。至隆庆元年(1567 年)开放漳州月港，准许船只贩运东、西洋。清代初年实行严厉的海禁政策，平定郑成功后开海，设立粤、闽、江、浙四个海关，到乾隆二十二年(1757 年)改为广州一口通商。近代中国，自鸦片战后开放广州、厦门、福州、宁波、上海后，我国被迫开放的程度不断加深。

明代海外进贡的物品主要有以下几类。香料：胡椒、苏木、乌木、降真香、檀香、龙涎香等。海外奇珍：玛瑙、水晶、象牙、犀角、珊瑚、玳瑁、珍珠等。珍禽异兽：孔雀、火鸡、鹦鹉、象、麒麟等。手工业制品：金银器皿、涂金装彩屏风、洒金厨子等。手工业品原料：硫黄、牛皮、红铜、锡等。军用品：马、盔、铠、剑、腰刀等。药材：人参、紫梗、藤黄、肉豆蔻等。赏赐的物品主要有各种丝绸、棉布、瓷器、铁器、铜钱、麝香、书籍等。其中尤以各种丝绸、棉布数量最大。明代后期海外私人贸易输入的商品，根据万历十七年(1589 年)规定的“陆饷货物抽税则例”所列举的有百余种，其中除少量的暹罗红纱、番被、竹布、嘉文席、交趾绢、西洋布等手工业品外，绝大多数还是胡椒、苏木、象牙、檀香、犀角、沉香等香料和奢侈品。此外还有大量作为货币支付的白银。输出的商品除了生丝、瓷器和糖外，还包括各种丝织物、铜器、食品、日常用具等。[①]

入清以后，输出商品中，茶叶的地位不断提升，欧洲商人在明末清初购置了极少量的中国茶叶。18 世纪以后英国刮起了饮茶的风气，由此进一步带动欧洲对中国茶叶的需求，因而从 18 世纪中叶后中国茶叶输出量不断飙升。特别是近代开埠后，茶叶的外贸输出值逐步超越生丝，成为最为重要的出口产品。进口方面，西方国家为了改变长期的入超地位，又因其工业制品一直不能打开中国的市场，为此，他们做起了无耻的鸦片贸易，鸦片成为近代西方输入中国影响最大的产品。

工商会馆的设置是海上贸易的另一物质文化形态，它是各个商帮在外地聚会议事、联络乡谊的场所，正式的工商会馆出现于明代。海商发达的闽粤两省建立的工商会馆遍布国内外，沿海城市如天津，乾隆四年(1739 年)，广州、潮州、福建的闽广帮商人便建了“闽粤会馆”；苏州在明万历时期就有福建商人设置的三山会馆，清康熙至乾隆年间，潮州府商人经营有潮州会馆，光绪八年(1882 年)于苏州新建两广会馆。海外闽粤商人的活动也异常活跃，会馆广设。在越南的会安，清康熙年间有闽会馆；暹罗湾的柴棍钜镇有漳州会馆、霞漳会馆；泰国商人会馆的设立相对较晚，有潮州会馆、广肇会馆、海南会馆、福建会馆等；新加坡是明清华人移入的重要地点，会馆众多，如中山会馆、琼州会馆、福建会馆、永春会馆、番禺会馆、肇庆会馆、福州会馆、福清会馆等。日本也是华商贸易的重要对象，在日本较早设立的会馆是八闽会馆，随后在长崎设有三江会馆、岭南会馆、三山公所，大

① 李金明：《明代海外贸易史》，北京：中国社会科学出版社，1990 年，第 23、27、122、124 页。

阪、横滨、函馆都有三江公所，在神户有广业公所、八闽公所等。[①] 今天，除了亚洲外，在欧洲、美洲、澳洲、非洲等世界各地都可以看到华商会馆的身影，它们印证了海商敢拼敢闯的精神。

五、海洋军事文化资源

海洋给人类带来鱼盐之利和交通之便，然而海洋也有阴晴不定之时，它还会给我们带来天灾人祸。人祸是传统中国王朝政权关注海洋的焦点，既要防止内部不法分子借海作乱，也要防范外部势力顺海来袭。有学者谈明清海疆政策时说道："由于海洋贸易政策有时是海防政策的派生物，海洋移民政策同样是在服务海防政策的前提下制定的，因此海防是海疆政策的中心环节。"[②] 这一描述不仅是对明清海疆政策的概括，也适用于明代以前的王朝政权，只有在保证海疆安全的情况下，政府才会允许贸易、移民等活动。历代王朝对海防的重视，也给今天留下了丰富的海洋军事文化资源。

在物质层面的海洋军事文化资源，至少包括海中设施、海岸设施。海中设施诸如舰船、潜艇、通信设备等；海岸设施有卫所、哨寨、军港等。此外，海洋军事文化资源还包括海战留下的痕迹。舰船上文已言及，本文将对军港稍作叙述。

元代以前，未出现大规模的海上外患，政府主要应对的是逃到海上的叛乱势力以及海盗团伙等，因此海疆较为稳定。自元代后期倭寇的持续侵扰开始，我国的海疆安全不断受到挑战，倭寇之后有葡萄牙、西班牙、荷兰、英国等西方殖民者，到了近代，中国门户洞开，西方列强的舰船在中国海域更是横冲直撞、有恃无恐。

为应对倭患，明政府在沿海设置了大量的卫所、城寨、巡检司和烽堠墩台，构筑起较为完备的防御体系。据统计，洪武三年(1370 年)十一月，李文忠奏请在浙江设立钱塘、海宁、杭州、严州、崇德、德清、金华 7 卫及衢州

---

① 王日根：《乡土之链：明清会馆与社会变迁》，天津：天津人民出版社，1996 年，第 91-92、97-98、106 页。

② 王日根：《明清海疆政策与中国社会发展》，福州：福建人民出版社，2006 年，"绪论"第 1 页。

守御千户所，洪武十九年(1386 年)，汤和又到浙江筑城 59 座。洪武二十年(1387 年)四月，周德兴在福建增建卫所，到第二年冬天，已建成的卫有福宁、镇东、平海、永宁、镇海 5 个，千户所有大金、定海、梅花、万安、莆禧、崇武、福全、金门、高浦、六鳌、铜山、玄钟 12 个。洪武二十五年(1392 年)十一月，明朝又在山东沿海设立莱州卫、宁海卫，分别统辖 8 个和 5 个海防总寨。总计在洪武年间共设立 57 卫、89 个千户所。其中辽东 8 卫，千户所 1 个；北直隶千户所 1 个；山东 10 卫，千户所 5 个；南直隶(含沿江卫所)9 卫，千户所 10 个；浙江 11 卫，千户所 30 个；福建 11 卫，千户所 13 个；广东 8 卫，千户所 29 个。另有巡检司 200 余处，防海城、堡、寨及烽堠、墩台等1000 余处。这些卫所分布在中国沿海各大小海口、岛屿的要点上，连绵而成明代的海防线。

清朝在岸防设施方面比明朝进步的表现是设置了大量的炮台要塞。海岸从南至北有廉州要塞、潮州要塞、厦门要塞、福州要塞、乍浦要塞、澉浦要塞、威海要塞、烟台要塞、山海关要塞、北塘要塞、旅顺要塞、大连要塞等。炮台式要塞，是由若干个能长期坚守和独立作战的炮台所构成。每个炮台都由炮台、望楼、营房、火药库、演武厅、围墙、堑壕和障碍物等几个部分组成。炮台是配置火炮打击入侵之敌的骨干阵地，其位置选择在对坚守要塞起主要支撑作用的地点。从地形上说，它通常配置在视野开阔、射击方便、能居高临下的险要地点。清代海岸炮台要塞从山顶、山腰、山脚都有相应的火炮设置，层层配合，以达到海面、海口、海岸等各个部位的控制。[①] 这些炮台要塞也是当时海战的主要场地，留下了许多战争的痕迹。

沿海为数众多的岸防设施一部分至今犹在，如蓬莱水城、刘公岛、威海卫、成山卫、鳌山卫、灵山卫、安东卫等及其所辖各所遗迹，浙江临海桃渚城、福建惠安崇武古城等卫所城垣保存较完好。广东深圳大鹏所城作为明代卫所遗址的代表，2001 年入选第五批全国重点文物保护单位。炮台要塞遗址也十分丰富，天津大沽口炮台，浙江镇海口海防遗址、乍浦炮台，福建马江

① 李穆南、于文：《中国军事百科之十　军事工程》，北京：中国环境科学出版社，2006 年，第 220 页。

海战炮台、胡里山炮台，广东虎门炮台旧址以及海南省的秀英炮台都列入全国重点文物保护单位。

清代晚期，随着大型军舰购置与制造，清政府亟须建造适应近代海军发展的港口，辽宁旅顺军港是该时期最著名的工程。1881 年时任北洋大臣的李鸿章为给北洋水师选择根据地，他在考察了旅顺口的形势后，认为旅顺口居北洋要隘，京畿门户，“为奉直两省海防之关键”“盖咽喉要地，势在必争”①，因而决定在旅顺开建军港。1882 年，李鸿章委派直隶修补道员袁保龄担任工程局总办，到 1890 年 9 月，旅顺船坞全部竣工，耗白银 139. 35 万两，同时在旅顺港沿岸用从山东长岛运来的紫色花岗岩石条修建了防浪堤，堤高 3 米左右。至 1894 年中日甲午战争，清政府在旅顺只经营了十几年，随后的几十年由日俄分别侵占，1955 年，中苏举行旅顺军港交接仪式，从该年起旅顺军港的防务由中华人民共和国掌管。现作为北海舰队的一处训练基地，西港正在扩建之中。旅顺港记录了我国近代海军的曲折，也见证了新中国海军的发展。

六、海洋宗教建筑

除了上述五种类型的海洋物质文化资源外，海洋宗教建筑遗址也是一类重要的物质文化资源，该类资源主要体现在各地的海神宫庙建筑。

从国务院公布的七批全国重点文物保护单位名录来看，入选的海神宫庙有浙江省的盐官海塘及海神庙，福建泉州天后宫、莆田妈祖庙、平海天后宫，天津市天妃宫遗址等。由此可见，妈祖庙在海洋宗教建筑中占有特殊地位。

据《世界妈祖庙大全》统计，全世界已有妈祖庙近 5000 座。国内以福建居多，妈祖发源地莆田就有百余座，湄洲岛上有近 20 座。妈祖庙还广泛分布于其他沿海省市，一些内陆地区亦有建造。港澳台地区的妈祖庙也到处可见，台湾有 500 多座，香港 50 多座，澳门 2 座。海外华人华侨聚居之地同样设有妈祖庙，日本的神户、长崎及一些岛屿建有数十座，马来西亚有 30 多座。此外，朝鲜、新加坡、菲律宾、印度尼西亚、越南、泰国、挪威、丹麦、法国、

---

① 大连市旅顺口区史志办公室：《旅顺口区志》，大连：大连出版社，1999 年，第 64 页。

加拿大、美国、墨西哥、巴西、新西兰、非洲等地都有妈祖庙宇或祀奉场所。

宋雍熙四年(987 年)在莆田湄洲岛修建的通贤灵女庙(妈祖祖庙)年代最为久远，后经多次重修和扩建，已成为规模宏大的庙宇建筑群。特别是祖庙的南中轴线庙宇群，全长 323 米，宽 99 米，由大牌坊、宫门、钟鼓楼、顺济殿、天后广场、正殿、灵慈殿、妈祖文化园组成，妈祖庙后的岩石上刻有“升天古迹”“观澜”等石刻，在祖庙山顶有 14 米高的巨型妈祖石像。其中天后正殿高 19 米，宽 50 米，进深 30 米，面积 987 平方米，可同时容纳千人朝拜，正中供奉妈祖座像，陪侍的有妇幼保护女神陈靖姑和兴建宋代著名水利工程木兰陂的女杰钱四娘以及航海家郑和、收复台湾的施琅将军等八大神像。殿前的天后广场面积达 10 000 多平方米，还有一座高 26.5 米的大戏台，是祖庙举行盛大活动的场所，两旁的观礼台及回廊能容万名观众。而高 19 米，宽 33 米，五开间的山门大牌坊则是我国少见的雄伟牌坊之一。

浙江盐官海神庙是祭祀海神的场所，它与盐官海塘连接在一起。海神庙是清雍正八年(1730 年)皇帝敕令建造，专祀“浙海之神”，并列祀海神及有功于海塘者，是我国保存最为完整的海神庙之一，也是江南地区现存规模最大的敕建官式建筑遗存。它的建造十分考究：选取优质汉白玉等建材来构建重要部位，殿宇内的绘画也是仿照中国皇室专用的传统图案来绘制的。它是人与海神沟通的场所，由于该庙是皇帝钦命建造，因此地位相当高，号称“江南紫禁城”。海神庙原占地 40 亩，在遭到了数次战乱后，现存面积约占原来的 1/3，现尚存石坊、石狮、石筑广场、庆成桥、御碑亭等遗迹。

广东省有祭祀南海神祝融的神庙，南海神庙又称波罗庙，坐落在广州黄埔区庙头村，是中国古代东南西北四大海神庙中唯一留存下来的建筑遗物，是古代皇帝祭祀海神的场所。它创建于隋开皇十四年(594 年)，距今已有 1400 多年的历史。南海神庙规模宏大，占地面积 3 万平方米，深五进，由庙前码头、海不扬波牌坊、头门、仪门及东西复廊、中庭天阶、东西廊庑、拜亭、大殿、后宫及关帝庙组成。庙的西南侧有章丘冈，冈顶有浴日亭。南海神庙留下很多皇帝祭祀的御碑，还有许多文化名人题写的诗赋碑刻，有“南方碑林”之称。

海洋非物质文化资源

人类开发利用海洋的过程中，除了创造辉煌的物质文化外，还有各种制度、风俗、信仰、文学艺术流传下来，它们或被书写在文本里，或融于沿海民众的日常生活中，给壮丽的海洋自然风光增添了更多的人文气息。

一、海洋制度文化资源

海洋广阔无垠，沿海人群有巨大的涉海空间，为了规范海洋活动，形成良好的秩序，世界各国都十分重视海洋制度的建设。从世界用海的角度来看，海洋活动经历了从无序到有序的过程，但是也应认识到，制度之下仍存在着“犯禁”式的行为，这些行为又进一步推动制度的修改。新航路开辟后，欧洲殖民者在非洲、亚洲、美洲洋面的所作所为与海盗无异，16—20世纪，葡萄牙、西班牙、荷兰、英国、美国等国家，为争夺海上霸权，爆发了多次海上战争，海洋秩序与海洋霸主也不断发生变化。第二次世界大战后，许多被殖民国家先后独立，伴随着海洋开发能力的增强，海洋开发的冲突日益加剧，约束恣意妄为的制度亟须出台。

我国海岸线漫长，从事海洋活动的人数众多，因而海洋管理也是历代统治者关注的问题。自汉代开辟“海上丝绸之路”以来，中外贸易日益繁盛，为了管理海外贸易活动，唐玄宗开元间(713—741年)，广州设立了市舶使。到了宋代形成制度化，北宋开宝四年(971年)设市舶司于广州，之后随着贸易的发展，陆续在杭州、明州(今宁波)、泉州、密州(今诸城)设立市舶司。市舶司职责较繁，有给出海船只发予公凭、检查进出船只、货物的抽分博买等。元、明两代继续沿用，至清代为海关所取代。康熙二十三年(1684年)，清廷在剿灭明郑海上政权后，宣布开海，先后设立了粤海关、闽海关、江海关、浙海关来管理中外贸易，海关制度成为清朝海洋管理的一项基本制度。

帆船时代，船只的航行需依靠风力，印度洋及南海深受季风影响，外国船只通常在夏半年随西南季风来华，冬半年在东北季风的吹拂下归国。由于等待风时及购销货物，外国商人通常要在我国滞留一段时间。为了管理该部分人员，唐宋时期就实行“蕃坊”制度，划出一个片区给外国人居住。据记载，中唐以后，广州的蕃民，常至十余万，有的还与汉人通婚。宋代在广州、杭州等地设置蕃坊，定蕃长一人，以外商、外侨中有声望者充任。蕃长代表政府处理蕃坊中的各类事物，还须接待贸易船只，负责招徕外商。

历代政府对国人的出海活动都有严格的制度，对船只大小、船上货物、出行时间等都做了限定。以清朝为例，康熙二十二年(1683 年)之前，为对付抗清势力，清政府长期实行严厉的“海禁”政策。随后虽然开放海禁，但是清政府仍旧奉行“重防其出”的政策，订立了种种规定，限制国人出海聚众抗清。一是对船只的规定。开海初只准许海船用单桅，樑头不得超过一丈，船员不能超过 20 名，之后对商船做了修改，准许商船用双桅，樑头不得超过一丈八尺，船员不超过 28 名。造船首先得向县衙申请“料照”，除申报船只规格、用料外，还要提交澳甲、邻居、船匠等人的保证书，船造好后要向县禀明，开具船员明细，而后给船烙印刊字，颁给船照。二是对出海的规定。船只出海前要与澳甲、邻居、船员等立下保证书，之后向海关申报，经海关查验、交税后领得关牌出洋，再经海防汛口“挂号”，填注进出日期，如此方能出港。出海贸易期限，乾隆七年(1742 年)规定，沿海为二年，外洋贸易为三年。三是搭载物品的规定。商、渔船搭载军器原来是禁止的，雍正六年(1728 年)时顾及海上安全，允许往东洋、西洋之海外贸易船携带少量的军器以自卫。雍正八年(1730 年)允许携带炮位，每船不得过二门，火药不得过三十斤(15 千克)。硝石、硫黄、铜等为禁制之物，铁锅、钉、樟板为船上必要之物，允许酌量装载。米谷仅允许带船员所需。[①]

在海洋活动中，涉海群体也制定了许多自己遵循的规定，包括海上作

---

① 可参阅刘序枫：《清政府对出洋船只的管理政策(1684—1842)》，《中国海洋发展史论文集》第 9 辑，台北“中研院”人文社会科学研究所，2005 年。

业制度、婚丧嫁娶制度、节日行事制度、行业帮会制度以及日程生活行事制度等。比如海上捕捞制度，就谁上船谁不上船，船老大与船工的职能和作业分工，各船工之间各个角色由谁担当，例如由谁潜水、谁牵信号绳等，都有严格的讲究，即“规定”。再比如节日行事制度，如我国北方渔民的“谷雨节”(或称“上网节”)、祭海日、海神娘娘(主要是妈祖天后)庙会等，都是涉海民众所特有的，时节一到，或村村寨寨，或家家户户，或大小船只，涉海的各行各业，都在自觉自发地或有组织地“照老规矩办事”。还有行业帮会制度、经济贸易制度，等等，海洋特色更为显见。例如我国沿海各地的天后宫的建筑设置，就大多是海商帮会所为。帮有帮约，行有行规，它们都是海洋制度文化的典型表现。

由上可知，我国在古代已有较为详细的海洋管理制度，它们是先人在经营海洋中形成的经验总结，其制定与当时社会环境息息相关，许多制度经过调整变革后为后世继承。从今天的视角来看，当时的许多制度与发展海洋的需要相违背，极为保守，但是我们不能脱离历史实际去认识这些制度，它们是当时主流思想下作出的决策。这些制度一方面体现了我国海洋发展历程的艰辛；另一方面也可以给时下海洋政策的制定提供一定历史借鉴。

二、海洋风俗文化资源

海洋风俗即是特定社会文化区域内的涉海群体在开发利用海洋的过程中形成的人们共同遵守的行为模式或规范。常言道：“百里不同风，千里不同俗”，海洋风俗文化具有区域的差异性。海洋风俗文化具有较强的稳定性，涉海群体不断从先辈那里习得固有风俗；另一方面，海洋风俗文化又有可塑性，不同时代的人群会根据当前的生活经验，或是吸收、融合其他区域的风俗来改造传统风俗。海洋风俗文化资源涉及面广，我们通常以狭义的海洋风俗文化资源进行研究，也就是海洋社会的生产、生活风俗。它可以是自然环境作用下形成的，也可能是社会环境引起的。

饮食风俗是海洋风俗文化最为常见的。由于海洋变幻莫测，人们在海上作业充满风险，为了切身利益，海洋人群除了提高自身抵抗风险的能力外，他们在日常生活中形成各种讲究禁忌，并逐步扩散到周边人群，形成一个区域共同恪守的行为规范。这在各地沿海人群的饮食习惯中普遍存在。诸如，他们在饮食中十分忌讳“翻”“沉”之类的字眼和动作，沿海渔民大多遵循这一传统，他们借此祈求自己在海上平平安安。

海洋人群的穿着打扮也有自己的风格。以南海为例，该区域是热带海洋，气候湿热风大，且多台风暴雨，海水和空气中富含盐分，服饰取材、造型、颜色等都应与这些海洋自然地理环境相适应，以方便在水中作业和滨海生活。所以沿海居民几乎终年使用开放裸出式的衣服，服饰季节变化很不明显。历史上，岭南所制衣服一直以简单凉快为主流，有别于我国其他海区以厚重保暖为目的的服饰习惯。从汉代起，岭南就流行无领的“贯头式”衣服，类似今日“文化衫”或“T 恤”。这种贯头衣历代相沿。①

惠安女服饰是闽南地区独特的渔民服饰，它作为海洋服饰文化的代表已入选国家非物质文化遗产。惠安女服饰源于百越文化，又融会了中原文化和海洋文化的精华，经过一千多年的演变和传承而顽强地保留下来。惠安女服饰的整体样式定型于唐代，至宋代渐趋成熟。清初发生比较明显的变化，形成了款式奇异、装饰独特、色彩协调、纹饰艳丽的基本特征。现在惠安县东沿海的崇武、小岞和净峰三个乡镇的渔家女及东岭、山霞等部分“内地”妇女还保留着这种服饰习俗，其中以崇武和小岞的服饰最具特色。

惠安当地以“封建头，民主肚，节约衣，浪费裤”的歌谣概述了惠安女服饰各个部分的特征。斗笠是惠安女现代服饰最显现的部分，主体色彩是纯黄色的，非常鲜艳。头巾是惠安女服饰中最富有特色的部分，每条头巾都是正方形的（约 66 厘米），色彩和花纹基本上是蓝底白花、绿底白花、白底绿花等，虽然每条头巾的花纹均不相同，但都比较清晰、淡雅、悦目。衣服最大的特点是“衣短露脐”。惠安女的腰饰，一种是用各种色彩的塑料带编织而成的，总宽 7～9 厘米，色彩非常醒目；另一种是用银打制成的。

① 司徒尚纪：《中国南海海洋文化》，广州：中山大学出版社，2009 年，第 254 页。

惠安女所穿的裤子主色调为黑色，显得稳重、大方，又容易搭配其他颜色的衣料及饰物。惠安女服饰以适应生活和渔业劳动为前提，同时又有“称体、入时、从俗”的追求目标。①

沿海人民对海航的主要工具——舟船的建造十分讲究。从前中国人造船时常常要请专门的“风水”先生择选开工日期，造船时，先把船底“龙骨”竖立起来，用红布系在龙骨上以辟邪，接近竣工时，最后一道工序便是在船头装上一对“船眼睛”，也叫“定彩”，在安龙目时选定吉时，备牲礼向诸神叩拜。船眼处按金、木、水、火、土五行用五色彩条扎于银钉，“龙眼”里要藏上“大金”、龙银或带印有龙纹的银毫、铜币，寓意出海时船眼见钱、满载而归，并用红布蒙住船眼，俗称“封眼”。下海时揭去红布，叫“启眼”。新船下海，俗称“赴水”。船主择“黄道吉日”，进庙拜神。开船时船上披红挂绿、敲锣打鼓，鸣放鞭炮不能间断，既有庆贺新船启航，又有崩去船舱和海里邪气之意。②

在福建和浙江南部，渔船上还常装有风向旗，福建各地叫“桅尾旗”，在浙江的坎门一带则叫“鸦旗”。鸦旗的大小视船的规格而定，一般为一米左右长，前半部用樟木精雕为彩色凤凰头，后半部则为一方红布，中央用两条竹篾连接固定，用一根铁棒自下而上贯穿凤头钉在桅顶，随风旋转，指示风向。据浙江省民间文艺家协会选编的《浙江民俗大观》记载，在坎门地方，有关于“鸦旗”的传说：从前坎门镇有一青年去台湾经商，遇上一位痴情女子，青年告诉她家中已有妻室，但到船将返乡时，女子藏在船上，中途被青年发现，她被推入海中，女子阴魂不散，变成一只乌鸦，在船顶盘旋，兴风作浪。后来渔民见到它就撒饭焦给它吃，它感受到人们对它的恩惠，总是将风暴来临的先兆告诉大家，渔民们因此纷纷把“鸦旗”装在桅顶。后来因为乌鸦形象不吉，才改为凤头，但“鸦旗”的叫法却延续下来。

祭海是一项古老的民俗，从发生学意义上看是源于对大海的敬畏，同时也是祈福避祸。如中国舟山人靠海吃海，每年祭海时，由德高望重

---

① 惠安女服饰的介绍文字与图片均来自中国非物质文化遗产网。

② 范英、江立平：《海洋社会学》，广州：世界图书出版广东有限公司，2012年，第317页。

的老渔民牵头，青壮渔民设祭坛、抬神像等，格外踊跃。“让大海休养生息，让鱼儿延续生命，让我们懂得感恩，表达对海的崇敬……”伴随着一阵悠扬的歌声，古老的祭乐嗵嗵响起，身着传统服装的渔民代表手持平安旗，在祭乐声中缓缓入场。一坛坛清醇的美酒缓缓倒入海中，渔民们跪朝大海，叩首揖拜，感恩大海。这是舟山市岱山祭海谢洋大典的场景。今日的《祭海谢洋文》则道出了海岛人崭新的人与自然的和谐理念——春捞夏歇，秋捕冬忙；保护生态，善待海洋；自然规律，天行有常，应天顺时，乃吉乃昌……①

当一些海洋风俗活动的时间、仪式等被逐步固定下来，就容易形成节日，为世代承继。如在中国浙江象山有一年一度的中国休渔节，广东阳江有一年一度的开渔节，每个节日都是一次风俗文化盛宴。

三、海洋信仰文化资源

在生产力水平低下、对海洋茫然不解的年代，人类向海洋发展的过程中会遇到许多挫折和灾难，而当人力不能解决的情况下，涉海人群就自然萌生崇拜超能力，崇拜对象既可以是自然事物，也可以是人类社会的英雄人物。由此可见，海洋信仰文化就是指人类在开发利用海洋的过程中对超能力的崇拜。沿海人民寄希望于通过海洋信仰获取超能力的帮助，进而实现自己的利益诉求。

根据王荣国《海洋神灵：中国海神信仰与社会经济》的研究，可以将海洋信仰的神灵归于一个体系。在这个体系中可分为：海洋水体本位神。即是对海洋水体崇拜而产生的神，如四海之神、四海龙王、潮神、港神等；对栖息于海洋中的水族的崇拜而产生的水族神如鱼神、龟神等。航海保护神与渔商专业神。前者可分为：全国性的航海保护神，如妈祖、观音、水仙尊王等；区域性的保护神，如马援、秦始皇、隋炀帝、拿公、临水夫人、南天水尾圣娘等。此外，还有岛神、礁神等；后者主要有渔师菩萨、楚太、长年公等渔业专业神以及关公等商业的专业神。镇海神与引航神。前者如

---

① 范英、江立平：《海洋社会学》，广州：世界图书出版广东有限公司，2012 年，第 317 页。

广东潮汕的镇海三将军石，后者如浙江舟山的篾裤菩萨、圣姑娘娘等。在此仅从中摘录对中国传统社会乃至今天仍有重大影响的龙王信仰、观音信仰和妈祖信仰。

“四海龙王”崇拜大致出现于隋唐时期。龙在我国远古文化中就已经出现，后来经过不断演化，其形态逐渐趋于定型。佛教传入中国后，佛经中的“那伽”(Naga)，一种长身无足能在大海与其他水域中称王称霸的神兽被中国人认同。中国人将其看作与我国的龙一样的动物，并且将“那伽”(Naga)译作“龙”。于是佛经中有关龙的祈雨等功能也为我国民众所接受。道教的产生一定程度上是受佛教传入的刺激，在创造“龙神”这一点上道教也效法佛教。道教创造的龙王主要有东方青帝、南方赤帝、西方白帝、北方黑帝和中央黄帝五方龙王和东、西、南、北四海龙王。此外，尚有名称繁多的各种龙王。由于道教本身是从民族信仰文化土壤中产生，所以道教创造的龙王的功能、职司恰好符合中国民众的需求，于是龙神信仰在民间广为流行。到了北宋末年，朝廷正式认可并册封民间流行已久的龙神。大观二年(1108年)册封天下五龙神：“青龙神封广仁王，赤龙神封嘉泽王，黄龙神封孚应王，白龙神封义济王，黑龙神封灵泽王。”

由于朝廷的册封抬高了民间龙神的地位，刺激了龙王信仰的升温，龙王庙在民间迅速发展。与四海之神相对应，产生了“四海龙王”，即“东海龙王敖广”“南海龙王敖钦”“北海龙王敖顺”和“西海龙王敖闰”。很可能在清代所谓“四海之神”与“四海龙王”合流。不过到了元代，由于海神妈祖神阶的迅速上升，四海龙王地位开始跌落。

无论是从事海洋运输，还是从事海洋渔业、海洋商业，都要在海上航行相当长的时间，其航程也随着时间的延长而延长。航程长，海况相应也复杂。在海上航行的时间长，不可避免地要遇到多变的气候，在航海交通工具与技术相当落后的情况下，渔夫舟子只能仰仗神灵保护，因此产生了众多的海洋航行保护神。观音与妈祖是两位最为重要的保护神。

观音要算是我国历史上第一尊女性海上保护神。观音原是佛教中与普贤、文殊、地藏齐名的四大菩萨之一。晋代，作为佛教中国化的宗派净土宗创立之后，观音与大势至分别作为阿弥陀佛的左、右协侍菩萨。虽说观音与大势至平起平坐都是协侍菩萨，但观音菩萨的名气与影响比大势至菩萨大得多。一方面因为观音的道场位于汪洋大海中的浙江普陀山；另一方面因其“诸恶莫做众善奉行，大悲心肠，怜悯一切，救济苦危，普度众生”的慈航普济精神，再加上慈眉善目深受民众崇敬的“圣母”形象与“解厄救难”的功能，被广大民众视为“大救星”。所以海商、海洋渔民，特别是浙江舟山渔民和其他从事航海的人们将其奉为海上保护神。“准提”则是“准提观音”的略称。这种观音属于密宗六观音之一。其形象为3~84臂，坐在出自水中的莲花中，其下方有二龙王为之支撑，表示其功德无量，能够消除一切苦厄，增进福德智能，因此被民间的民众广泛奉祀，沿海民众则将其奉为海上保护神。

妈祖是继观音之后出现的又一尊具有全国影响的女性海上保护神。妈祖，原名林默(亦作林默娘)。据说她从出生到满月不啼不哭，便取名“默”，或“默娘”。林默娘原来是一位女巫，“能知人祸福”。默娘生于宋太祖建隆元年(960年)农历三月二十三日，从少年时代起就在海上救援了不少遇难渔民与商船，被称为“神姑”。宋太宗雍熙四年(987年)九月初九日，林默娘于莆田湄洲岛湄屿峰羽化升天，年仅28岁。人们感戴她的恩德，在她升天处立庙奉祀。相传林默娘升天后常护佑海上渔民以及往来的航船，被民众奉为“海神”，航海者有祷必应。北宋宣和年间，朝廷赐庙额“顺济”，南宋绍兴年间册封为“灵惠夫人”。此后屡屡受封，由夫人而天妃，由天妃而天后、天上圣母。从宋代起至清代妈祖“庙食遍天下，赫濯所昭，代有显应，而于海疆岛屿之间，灵感尤著”，成为影响最大的全国性的海上保护神。千里眼、顺风耳是妈祖的一对配祀神。相传千里眼、顺风耳原来是湄洲西北方的二怪，经常出没为祟，村民求妈祖降服。妈祖演况施法使二怪惧怕，从而皈依妈祖。千里眼与顺风耳都有特异功能，千里眼能看到千里以外之物，顺风耳能听见千里以外之声，成为妈祖得力的“耳目”，后来都被封为将军。晏公、嘉善、嘉佑也是配祀妈祖的下属神。在妈祖的配祀神中，千里眼、顺风耳普遍被沿海各地民间民众配祀于妈祖庙。妈祖下属神的增多是其神格不断被抬高与影响不断扩大的结果，同时也反映其救护力量的加强。①

沿海民众对海洋神灵的信仰，其中祭祀是一项重要内容。祭祀海龙王的时间主要集中在每年春季出海之前和海龙王的生日。青岛沿海一带的渔民在每年春季出海前要祭祀海龙王和其他几位神灵。祭海无固定日期，多采取查皇历的方式，结合潮汐情况，选择谷雨前后的一个吉日举行。祭海时，整修一新的渔船呈“一”字形阵式横排在海湾前，海湾沙滩上摆满供着三牲、面馍、糖果等祭品的供桌。祭海时辰一到，成百上千串鞭炮争相燃放。随之，各船家开始大把抛撒糖果和硬币，妇女儿童争相抢捡。此时，渔民们在船老大带领下，开始焚香烧纸祭祀海龙王和其他陪祭的神灵，并祈祷海事平安，渔业丰收。祭海期间，海滩或龙王庙前搭起戏台，连唱三天大戏，以娱神乐人。海龙王的生日农历六月十三日，也是涉海民众祭祀海龙王的日子，每到这一天，渔民舟子来到龙王庙烧香焚纸，摆供祭品。

祭祀海神妈祖，最集中的日子是农历三月廿三日妈祖生日这一天。宋元以降，历代王朝大多曾规定过祭祀天后（妈祖）的规格和使用的祭器，场面相当隆重。同时，沿海民众自发的祭祀活动也相当盛大。这一天，人民从四面八方涌向妈祖庙、天后宫，妇女献上精心绣制的花鞋、幔帐，男人们则焚香烧纸、顶礼膜拜，船家或渔行也以此许愿还愿，唱戏酬神，从而形成了一年一度的妈祖庙会。妈祖祭典于2006年列入《第一批国家非物质文化遗产名录》，妈祖诞辰日在福建莆田湄洲祖殿举行的祭典最为壮观，祭典全程约需45分钟，规模有大、中、小三种，其程序包括：擂鼓鸣炮；仪仗卫队就位，乐生、舞生就位；主祭人、陪祭人就位；迎神上香；奠帛；诵读祝文；跪拜叩首；行初献之礼，奏和平乐；行亚献之礼，奏乐；行终献之礼，奏乐；焚祝文，焚帛；三跪九叩；礼成。妈祖为两亿多民众所崇拜，妈祖信俗已传播到世界二十多个国家和地区，2009年顺利入选《联合国教科文组织非物质文化遗产名录》，即《世界非物质文化遗产名录》。

① 王荣国：《海洋神灵：中国海神信仰与社会经济》，南昌：江西高校出版社，2003年，第32-34、42-44页。

除了祭祀龙王、妈祖这种全国性的海洋神灵外，各地还有祭祀区域性的神灵。山东文登、荣成一带的涉海民众，在农历六月初八李龙爷(俗称秃尾巴老李)的生日举行祭祀活动。我国广西北海京族人有祭祀六位灵官和四位婆婆的活动，山东龙口屺姆岛渔民有祭祀地方性海上保护神灵狐仙太爷的活动，大多沿海盐民还有祭祀盐神(盐宗)宿沙氏族。此外，沿海民众不单在陆地上面朝大海祭祀海神，他们还往往在船上专设神龛供奉妈祖或龙王。渔民或船员在海上突遇风暴时，大多焚香祈祷海神娘娘搭救。人们在海上遇到鲸鱼时，除了避让，还焚香烧纸进行祭祀，渤海、黄海的渔民称之为“过龙兵”。[①]

上述这些海洋信仰是生产力水平、科学文化落后时代的产物，是沿海人民为开拓海洋而寻求的超能力庇护，同时也反映了古代涉海人群追求美好生活的愿望。随着科学思想的传播，海洋信仰不断受到冲击，如在“新文化运动”及“文化大革命”中被视为封建余毒，大肆摧残。同时，今天人们的娱乐生活也越来越丰富，因此海洋信仰日益淡化、模糊，在一些地方甚至退出了人们的生活。但是，随着我国近些年对传统文化建设的高度重视，一些地方的海洋信仰又出现复兴，由此可见，海洋信仰文化不是随着生活水平、科学思想的进步就必然消亡，一定程度上可以说，它已融合于沿海人民的生活模式中，它依旧有海洋活动的这块生存土壤，它还是滨海人群美好愿景的寄托。

四、海洋文学与艺术

海洋文学是人类海洋文化创造的心灵审美化形态，记录和展示着人类海洋生活史、情感史和审美史，是人类海洋文明发展史上重要的精神财富。从先秦的海洋神话传说、诗歌咏唱，到秦汉魏晋南北朝时期史家大书其事、其他神仙等各家大张其说、辞赋诗歌之作迭出，再到唐宋元明清时代的涉海诗词、戏曲、小说，直至现当代作家们的涉海散文、滨海游记，海洋文学艺术作品之多，浩如烟海，灿若群星，不胜枚举，因其易于传播，受到广泛的欢迎。[②]

---

① 曲金良：《海洋文化概论》，青岛：青岛海洋大学出版社，1999 年，第 163-164 页。
② 王苧萱：《中国海洋人文历史景观》，载《海洋开发与管理》，2007 年第 5 期。

海洋是人类面对的超大超美的景观，海洋人的海上生存也是一种超凡的体验和经历，具有大气磅礴、惊心动魄的特征，由此而引发人们的诗意文涌，言志抒情。中国古代文论中的“物感说”就是这个意思。中国赞美海洋的诗词，当推曹操的《观沧海》和毛泽东的《浪淘沙·北戴河》。曹操《观沧海》诗曰：“东临碣石，以观沧海。水何澹澹，山岛竦峙。树木丛生，百草丰茂。秋风萧瑟，洪波涌起。日月之行，若出其中。星汉灿烂，若出其里。幸甚至哉，歌以咏志。”作者抒写大海的辽阔壮美——汹涌澎湃，浩渺接天，“日月之行，若出其中；星汉灿烂，若出其里”。联系无垠的宇宙挥写大海的气势和威力——茫茫大海与天相接，空蒙浑融；在这雄奇壮丽的大海面前，日、月、星、汉(银河)都显得渺小，它们的运行，似乎都由大海自由吐纳。

毛泽东词谓“大雨落幽燕，白浪滔天，秦皇岛外打鱼船。一片汪洋都不见，知向谁边？往事越千年，魏武挥鞭，东临碣石有遗篇。萧瑟秋风今又是，换了人间”。这首词一开始就向人们展现出雄浑壮阔的海洋景观，“大雨落幽燕”一句排空而来，“白浪滔天”更增气势，“一片汪洋都不见，知向谁边”则唤起人们的遐思。①

海洋文学还包括民间文学，它是涉海民众集体创作和流传的口头语言艺术，主要包括神话、民间传说、民间故事等。

我国的涉海神话非常丰富，如各类海神神话，岛屿神话等。海洋神话最主要的特质，是对海洋自然现象和社会文化现象起源的解释。海洋神话的内容广泛涉及宗教、哲学、科学知识、社会制度、习俗、历史、心理等。

沿海的传说也是产生很早的一种涉海故事体裁，涉及面也非常广泛，主要是关于特定的人、地、事、物的口头故事，如海洋地貌的传说、海洋生物的传说、海洋神怪的传说、海洋人物的传说、海洋自然现象的传说以及关于各种风俗、海产品、民间工艺等的传说。如：蓬莱仙话传说，八仙过海传说，渔船渔具传说，海岛岩礁由来传说和覆盖面最广、流传密度最大、几乎是家喻户晓的海神送灯的传说等。目前列入《国家级非物质文化遗产名录》的海洋

① 范英、江立平：《海洋社会学》，广州：世界图书出版广东有限公司，2012年，第310-311页。

民间传说有观音传说、徐福东渡传说、八仙传说。

涉海民间故事最能反映出渔民的生活经验和生活情感，这往往与海洋生活习俗也有很大的关联，所讲的内容则多带娱乐性，是虚构性故事体裁的总称。涉海故事讲的事件、人物大多不具有确定性，常常以“从前”“某渔村”等将故事中所讲述的人物、时间、地点一带而过。列入《国家级非物质文化遗产名录》的海洋民间故事有古渔雁民间故事、海洋动物故事。

古渔雁民间故事是由辽宁省辽河口海域的“古渔雁”打鱼人群创造。这个人群没有远海捕捞的实力，只能像候鸟一样顺着沿海的水陆边缘迁徙，在江河入海口的滩涂及浅海捕鱼捞虾，故称为“古渔雁”。古渔雁民间故事不只是故事，还有其他民间文学，它反映了该群体的历史与生活、习俗与传统、信仰与文化创造等。近十多年来，当地文化部门曾挖掘、采录有近千则解释古船网由来和反映原始渔捞生活的神话、故事和传说，并搜集渔歌一千余首。由于我国传统“重陆轻海”的观念，文献中鲜有海洋人群的记载，古渔雁民间故事恰能补此缺陷，具有重要价值。

海洋艺术是通过塑造具体生动的形象来表现海洋、反映海洋社会生活的意识形态，它最大的特点就是依靠色、声、形、情等静态和动态的形象来表现人们对海洋社会生活的理解、情感、愿望和意志，按照审美的规则来把握和再现生动的海洋社会生活，并用美的感染力具体地影响海洋社会生活。海洋艺术包括海洋建筑艺术、海洋雕塑、涉海书法、绘画、装饰，以及涉海音乐、舞蹈、美术、戏曲等海洋民间艺术。

涉海舞蹈艺术景观，如 20 世纪 80 年代贾作光创作的舞蹈《海浪》，以高度凝练、形象鲜明的舞蹈语言和高超的技艺将“海燕”和“海浪”的形象融为一体，体现出一种搏击风浪的无畏气概。民间涉海性舞蹈和音乐如《贝壳舞》，用拟人化的形式夸张表现贝壳的新奇活力；又如曾流行于宁波、舟山渔区的跳蚤舞，舞者在变化多端、铿锵有力的浙江民间锣鼓音乐伴奏下，模仿颠簸渔船上劳作的基本动作，节奏鲜明有力，舞蹈动作灵活，富有浓厚的生活气息。

列入第一批《国家级非物质文化遗产名录》的“龙舞 · 湛江人龙舞”也充满

海洋色彩，这种流行于广东省东海岛的人龙舞素有“东方一绝”的美称，表演时，几十至数百名青壮年和少年均穿短裤，以人体相接，组成一条“长龙”。在锣鼓震天、号角齐鸣中，“长龙”龙头高昂，龙身翻腾，龙尾劲摆，一如蛟龙出海，排山倒海，势不可当，显现出独特的海岛色彩和浓厚的乡土气息。人龙舞是东海岛特殊社会历史因素与地域自然条件的产物，它将古海岛群众娱龙、敬龙、祭海、尊祖、奉神等多种风俗融入“人龙”之中，形成了自创一体、独具一格的龙舞表演形式和“人龙”精神。

渔民在生产生活中常常与歌谣相伴，留下了许多富有生活气息的民歌资源。如“咸水歌”是中国疍家人口耳传唱的口头文化，是渔民从口里自然而然地哼出的解闷、消愁、鼓劲、励志、抒情的一种自由歌谣。中国清代屈大均《广东新语·诗语》中记载：“疍人亦喜唱歌，婚夕两舟相合，男歌胜则牵女衣过舟也。”咸水歌词具口语化特征，如“渔女喜唱‘咸水歌’，听得大海不扬波，听得龙王昏昏醉，听得鱼虾入网箩”。“浪拍海滩银光四溅，江心明月映照渔船。大姐放纱小妹上线，渔歌对唱水拨琴弦……”2006年经广东省中山市申报，中山咸水歌也被列入《国家级非物质文化遗产名录》。

此外，海洋号子也是沿海人群劳作中留下的动人旋律，浙江省岱山县、山东省长岛县于2008年申报，海洋号子顺利列入第二批《国家级非物质文化遗产名录》。海洋号子是渔民或船员为消除疲劳、协调行动而创作的。尤其在旧时岱山及舟山这种大岛，木帆船是捕鱼和海上交通的主要工具。船上一切工序全靠手工操作，集体劳动异常繁重。各种工序都要喊号子以统一行动，调节情绪，于是形成了丰富的号子。按劳动的工序，海洋号子可分为《起锚号子》《拔篷号子》《摇橹号子》《起网号子》等数十种，曲趣粗犷豪爽，已形成系列曲调，在风格上有着鲜明的个性及地方特色。

涉海书法艺术景观，是中国特有的海洋艺术，它是造型美和抒情美的结合，如画、如诗、如乐，它依靠着流动的笔迹线条，不但曲折地联结着海洋的风情和人文景观的美，而且直接表现人们内心的美。作为其表现形式的匾额、楹联、书画、题刻等，本身便是造诣很高的艺术精品，其内容或精辟深邃或富于哲理。

涉海工艺美术，指滨海民众自发创造、享用并传承的美术。如民间服饰、船艺、剪纸、祀面塑等。如蓬莱民间剪纸源远流长，清代最盛，其内容丰富，题材广泛，传统图案以鲤鱼、金鱼、八仙过海、鲤鱼跳龙门、百鱼图等为主题，造型生动美观，生趣盎然。①

乐清市位于浙江省东南部沿海，乐清细纹刻纸是当地流传的一项绝艺，富有海洋特色，它是国家非物质文化遗产“剪纸”的重要组成部分。乐清剪纸源于乐清民间剪纸“龙船花”，至今已有七百多年的历史。每年正月十五，乐清乡间各地都有龙船灯巡游。龙船纸扎和细纹刻纸是龙船灯的基本工艺和装饰手段，早期龙船灯上的细纹刻纸是单纯的几何图案，后发展出花卉、鸟兽、山水、戏曲人物、神话故事等内容，代表作有《九狮图》和《八角双鱼》等。

海的汹涌澎湃给人无限的诗情画意，亦能激发人类的艺术遐想。人们在欣赏、开发利用海洋过程中流淌的真挚情感，皆通过文学与艺术来展现。无论是上层高雅的词赋书画，还是普通的大众文学艺术，它们都让我们领略到先民与海洋互动中的快乐与忧愁，它们是我国传统文学艺术的瑰宝，是我们新时期文学与艺术创作的重要灵感。

五、海洋技艺文化资源

人们在开发利用海洋时离不开各式各样的技艺，诸如船只制造工艺、海盐制作技术等。若没有技艺，船只只可能是一堆木板、钢材、缆绳、钉子、胶水等零散物件，洁白似雪的食盐也依旧融合于那一望无际的海水之中。技艺是人们日常生产、生活的经验总结，是人们思考得出的成果，它有制作的基本程序步骤，可以指导人们在开拓海洋中实现自己的目的。海洋技艺不是一成不变的，有些技艺会得到人们的继承并不断发展，有些技艺则会因新机器、新方法的出现而逐步消失。

我国有悠久的海洋开发历史，无论是海洋捕捞、海产养殖、船只制造，

① 王苧萱：《中国海洋人文历史景观》，载《海洋开发与管理》，2007年第5期。

还是海产品的提取制作都形成了相应的工艺技术，列入《国家级非物质文化遗产名录》的传统技艺有传统木船制造技艺、水密隔舱福船制造技艺、龙舟制作技艺、晒盐技艺和海盐晒制技艺等。在此着重讲述水密隔舱与海盐晒制技艺。

水密隔舱福船制造技艺于2008年入选第二批《国家级非物质文化遗产名录》，并于2010年以“急需保护”的类型成功申报《世界非物质文化遗产名录》。所谓水密隔舱，就是用隔舱板把船舱分隔成各自独立的一个个舱区。它的优点：被分隔成若干舱的船舶在航行中万一破损一两处，进水的船舱不至于导致全船进水而沉没。只要对破损进水的舱进行修复与堵漏就可使船只继续航行。船舶的功能主要是运载货物，在有水密隔舱的船舶上，货物可以分舱储放，便于装卸与管理。而且在海损事故发生时，也可以尽量减少损失。由于船舶被隔舱板层层隔断，厚实的隔舱板与船壳板紧密钉合，而且隔舱板实际上起着肋骨的作用，从而取代了肋骨，简化了造船的工艺，并使船体结构更加坚固，船的整体抗沉能力也因而得到提高。水密隔舱主要应用于远洋航行的船只。

福建省制造的“福船”是远洋航行最重要的船只类型，因此“福船”的水密隔舱技术也最具代表性。该工艺在唐末的“福船”已有应用，据清嘉庆年间蔡永蒹所撰《西山杂志·王尧造舟》中记述唐天宝年间泉州造海船的情况，其中“十五格”即为15个隔舱。这是目前所见关于福船采用隔舱的较早记载。到了宋代，从发掘出水的沉船来看，这一时期的水密隔舱技术已趋成熟。

水密隔舱是将船舱区分隔离，但是它的工艺操作也都是在船体进行，隔板与船体紧密相连。水密隔舱以樟木、松木、杉木为主要材料，需采用榫接、艌缝等核心技艺，前者指木板的槽舌接合，后者是用苎麻、桐油、石灰等作为木板间缝的堵塞材料的技术。在“师傅头”(闽南地区对主持造船工匠的尊称)指挥下，由众多工匠密切配合完成。水密隔舱福船制造技艺的经验和工作方法是通过师徒之间的口传心授传承的。然而，随着木制船舶为钢制船舶所替代，中国式帆船的需求急剧减少；今天，全面掌握这项技术的工匠大师仅有几名。福建省宁德市蕉城区漳湾镇与泉州市晋江市深沪镇、泉港区峰尾镇是保留这项工艺的几个主要地方。

海盐是我国食盐的重要来源之一，海盐晒制技艺已相沿上千年。浙江、海南、江苏、山东、天津等沿海省市都可见传统海盐晒制技艺。以浙江象山为例，象山晒盐业历史悠久，唐代已用土法煎盐、宋时已有刮泥淋卤和泼灰制卤法，并用煎熬结晶。元人称晒盐为“熬波”。清嘉庆开始，从舟山引进板晒法结晶，清末又引进缸坦晒法结晶，成为盐业生产工艺上的一大变革。20世纪60年代后试验成功平滩晒法，采用新技术，并用机器逐渐代替手工操作，传统晒盐技艺逐渐退出历史舞台。直到20世纪90年代初，老盐区金星、番头等少数盐场仍保留手工与机械操作并存的状况。

象山晒盐以海水作为基本原料，并利用海边滩涂及其咸泥（或人工制作掺杂的灰土），结合日光和风力蒸发，通过淋、泼等手工劳作制成盐卤，再通过火煎或日晒、风能等自然结晶成原盐。优质的盐尚有坚实指捺不碎，正立方体有棱有角，透明洁白，手搓后粉碎不粘手，纯洁，无羊毛硝析出等特点。整个工序有10余道，纯手工操作，看似简单却又体现出智慧。晒盐大都靠日光和风力蒸发，自然天成，没有具体的理化指标。加工工艺与气候、季节等因素相关，又与悬沙、潮汐相关，不确定性较明显，需要有经验的人把握潮汛、季节等变化，完成晒盐全过程。

海洋技艺文化资源是我国人民在开发利用海洋中形成的宝贵成果，它也是我国人民开拓海洋资源空间的重要保障，我们要高度珍视这份来之不易的财富。

国家级非物质文化遗产名录中的海洋非物质文化遗产

序号	名称	编号	类别	时间/批次	申报地区或单位	备注
1	古渔雁民间故事	Ⅰ-18	民间文学	2006年/第一批	辽宁省大洼县	“古渔雁”是打鱼人群
2	中山咸水歌	Ⅱ-12	传统音乐	2006年/第一批	广东省中山市	沿海水上人群创作
3	潮州音乐	Ⅱ-50	传统音乐	2006年/第一批	广东省潮州市、汕头市	代表性曲目有《抛网捕鱼》

续表

序号	名称	编号	类别	时间/批次	申报地区或单位	备注
4	舟山锣鼓	Ⅱ-43	传统音乐	2006年/第一批	浙江省舟山市	旧时的舟山锣鼓大多出现在民间乡里的红白喜事、庙会庆典及渔民祭海等活动中。代表性的传统曲目有《舟山锣鼓》《渔家乐》《潮音》等
5	龙舞·湛江人龙舞	Ⅲ-4	民间舞蹈	2006年/第一批	广东省湛江市	它将古海岛群众娱龙、敬龙、祭海、尊祖、奉神等多种风俗融入"人龙"之中
6	东山歌册	Ⅴ-34	曲艺	2006年/第一批	福建省东山县	歌册节目有《渔家女》《织网歌》等
7	剪纸·乐清细纹刻纸	Ⅶ-16	民间美术	2006年/第一批	浙江省乐清市	代表作有《八角双鱼》等
8	妈祖祭典	Ⅹ-36	民俗	2006年/第一批	福建省莆田市、中华妈祖文化交流协会	妈祖信俗入选《2009年世界非物质文化遗产名录》
9	妈祖祭典(天津皇会)			2008年/第一批扩展	天津市民俗博物馆	
10	妈祖祭典(洞头妈祖祭典)			2011年/第二批扩展	浙江省洞头县	
11	妈祖祭典(葛沽宝辇会、海口天后祀奉、澳门妈祖信俗)			2014年/第三批扩展	天津市津南区、海南省海口市、澳门特别行政区	

续表

序号	名称	编号	类别	时间/批次	申报地区或单位	备注
12	惠安女服饰	X-64	民俗	2006年/第一批	福建省惠安县	
13	观音传说	I-40	民间文学	2008年/第二批	浙江省舟山市	
14	徐福东渡传说	I-41	民间文学	2008年/第二批	浙江省象山县、慈溪市	
15				2011年/第二批扩展	江苏省赣榆县，山东省胶南市、青岛市黄岛区	
16	八仙传说	I-45	民间文学	2008年/第二批	山东省蓬莱市	
17	惠东渔歌	Ⅱ-93	传统音乐	2008年/第二批	广东省惠州市	
18	海洋号子(舟山渔民号子、长岛渔号)	Ⅱ-97	传统音乐	2008年/第二批	浙江省岱山县、山东省长岛县	
19	海洋号子(长海号子、象山渔民号子)			2011年/第二批扩展	辽宁省长海县、浙江省象山县	
20	码头号子	Ⅱ-99	传统音乐	2008年/第二批	上海市浦东新区、杨浦区	
21	传统木船制造技艺	Ⅷ-137	传统技艺	2008年/第二批	江苏省兴化市、浙江省舟山市普陀区	
22	水密隔舱福船制造技艺	Ⅷ-138	传统技艺	2008年/第二批	福建省晋江市、宁德市蕉城区	入选《2010年世界非物质文化遗产名录》
23				2014年/第三批扩展	福建省泉州市泉港区	
24	龙舟制作技艺	Ⅷ-139	传统技艺	2008年/第二批	广东省东莞市中堂镇	
25	晒盐技艺·海盐晒制技艺	Ⅷ-153	传统技艺	2008年/第二批	浙江省象山县、海南省儋州市	
26	晒盐技艺(淮盐制作技艺、卤水制盐技艺)			2014年/第三批扩展	江苏省连云港市、山东省寿光市	

续表

序号	名称	编号	类别	时间/批次	申报地区或单位	备注
27	黎族船型屋营造技艺	Ⅷ-182	传统技艺	2008年/第二批	海南省东方市	
28	渔民开洋、谢洋节	Ⅹ-72	民俗	2008年/第二批	浙江省象山县、岱山县，山东省荣成市、日照市、即墨市	
29	民间信俗·石浦-富岗如意信俗	Ⅹ-85	民俗	2008年/第二批	浙江省象山县	象山渔山岛供奉海神如意娘娘，1955年，驻渔山岛国民党撤退时，将全岛487人带至台湾，在台东建立了富岗新村，如意娘娘信俗也带到富岗
30	民间信俗·汤和信俗				浙江省温州市龙湾区	纪念明初汤和在沿海筑城抗倭的业绩，并追悼倭难亡魂
31	民间信俗·闽台送王船			2011年/第二批扩展	福建省厦门市	沿海渔港、渔村通过祭海神、悼海上遇难的英灵，祈求海上靖安和渔发利市
32	民间信俗·波罗诞				广东省广州市黄埔区	即南海神诞，祭祀南海神
33	民间信俗·鱼行醉龙节				澳门特别行政区	澳门鲜鱼行独有的一项民间传统节庆活动
34	民间信俗·潮神祭祀			2014年/第三批扩展	浙江省海宁市	

续表

序号	名称	编号	类别	时间/批次	申报地区或单位	备注
35	蚌埔女习俗	Ⅹ-97	民俗	2008 年/第二批	福建省泉州市丰泽区	与惠安女、湄洲女并称为福建三大渔女
36	南海航道更路经	Ⅹ-120	民俗	2008 年/第二批	海南省文昌市	
37				2011 年/第二批扩展	海南省琼海市	
38	海洋动物故事	Ⅰ-111	民间文学	2011 年/第三批	浙江省洞头县	
39	临高渔歌	Ⅱ-144	传统音乐	2011 年/第三批	海南省临高县	
40	端午节·石狮端午闽台对渡习俗	Ⅹ-3	民俗	2011 年/第二批扩展	福建省石狮市	见证了闽台对渡的历史
41	端午节·大澳龙舟游涌				香港特别行政区	由当地三个传统渔业行会合办
42	网船会	Ⅹ-137	民俗	2011 年/第三批	浙江省嘉兴市秀洲区	
43	装泥鱼习俗	Ⅹ-141	民俗	2011 年/第三批	广东省珠海市斗门区	泥鱼生活在浅海区域，喜于滩涂泥洞出没
44	渔歌·汕尾渔歌	Ⅱ-157	传统音乐	2014 年/第四批	广东省汕尾市	

资料来源：根据国务院公布的四批《国家级非物质文化遗产名录》整理。

海洋文化资源空间的开发与保护

海洋文化资源空间取决于海洋文化的资源量，对海洋文化资源适度的开发不但有助于实现资源价值，而且还可以起到维护和拓展资源空间的作用。但是在现实生活中，海洋文化资源的开发还存在诸多问题，或是开发冷热不均，或是未能做好资源保护工作，由此造成资源地破坏与消失。为了维护海洋文化资源空间的持续利用，亟须采取相应措施。

一、海洋文化资源的价值

资源在于满足人的需要，海洋文化资源可满足人精神愉悦、追求经济、探求过往、自我提升以及国家政策制定等方面的需求。换言之，海洋文化资源具有休闲娱乐、创造经济、历史研究、教育提升、政策参考等价值。

当我们工作之余，信步于柔软的沙滩，感受轻拂的海风，倾听海浪的细语，大海宽广的胸怀带走了我们的疲劳与忧愁，让我们回归宁静。又或是登临高耸的岸崖，看那翻滚的巨浪，聆听它与大地冲撞的隆隆涛声，雄浑的大海，给我们带来力量之美。海洋的自然风光已令我们陶醉不已，若是有人海互动的历史景观，那更是一种特殊的满足。“在人海互动中，人在直面生命的威胁和挑战中通过考验自我、观照自我，获得一种满足，这与花前月下小桥流水，杨柳岸晓风残月是截然不同的审美情境。后者属于秀美，前者属于壮美。”①人亲身参与、置身于其中，感受海洋历史文化，让人更能体味自我的力量。

海洋文化资源的经济价值，最重要的是体现在海洋旅游业。据世界旅游组织估计，海洋文化旅游在所有旅游活动中所占的比例为37%，近年来以15%的年增长率发展②。海洋文化资源是海洋旅游业的重要基础，我国沿海省份都以此建立了各种海洋文化公园，海洋文化资源为旅游经济做出了重大贡献。除此之外，海洋文化资源还能间接推动其他相关海洋产业的发展。其经济功能主要表现有：提供加工对象，生产满足特定需求的海洋文化产品，获得经济利润；通过改变价值观念，塑造企业文化，创造精神动力，激发劳动者的生产热情，创造生产动力，提高经济效益；通过赋予海洋产品特定的文化内涵，增加海洋产品的附加值；利用文化资源，吸纳资金流入，为企业创造良好的外部融资环境，起到优化经济发展环境的作用；海洋文化的建设，有利于提高当地企业和地方的形象，提高海洋相关产业的知名度，推动相关海洋产品的销售。③

---

① 张开城、张国玲等：《广东海洋文化产业》，北京：海洋出版社，2009年，第26页。
② 苏勇军：《宁波市海洋文化旅游产业发展研究》，载《海洋信息》，2011年第1期。
③ 陈林生：《海洋经济导论》，上海：上海财经大学出版社，2013年，第98页。

海洋文化资源中的历史文化资源是人海互动的遗址、遗迹，它反映了一定时期的历史情况，因而具有宝贵的资料价值，是当代人研究历史的重要依据。贝丘遗址是新石器时代的考古挖掘，通过其遗存可以观察沿海原始人群的生产生活情况。不同时期古沉船的出土，可以观察造船水平的变化，从船上运载的物品可以了解当时的海外贸易情况，海洋交通遗迹是古代“海上丝绸之路”研究的有力资料。通过海洋军事文化资源，可以看到我国历史上的海患，以及各个朝代采取的海防措施。

海洋文化资源还具有教育意义。当我们步入海洋文化展馆时，扑面而来的是海洋的气息，我们可以深切感受到先人的勇敢、冒险、拼搏的精神，从中亦可知晓中国的海洋文明历程。当我们驻足于炮台要塞、军港公园，近代的炮火硝烟又升腾于眼前，落后挨打与中国人民不屈不挠的斗争交织于心中。海洋文化资源不仅教育了我们，它还向我们大声呼唤：要有勇敢的精神，去搏击惊涛骇浪；要有担当的精神，去肩负民族复兴的使命！

传统的海洋政策、海洋观念，以及民间的海洋习俗、信仰等都是当前我国大力建设海洋强国的依据。从丰富的海洋文化资源中，我们可以坚信中华文明中有海洋文明的一部分，中国人的基因中有海洋的成分，因此我们对拓展海洋空间充满自信。同时，我们也要从历史文化资源中汲取经验教训，海洋制度文化资源告诉我们，当我国奉行闭关自守时，我们不能与世界联系交流，由此造成经济、技术的落后，因此，当前政策的制定势必要坚持对外开放，不能故步自封。海洋风俗、信仰文化告诫政策制定者，要认识到传统文化在当前的影响，在制定政策时不能无视传统，必须在尊重传统的基础上求得进步。

二、海洋文化资源的开发利用

随着经济的高速发展，我国现在越来越重视文化软实力的建设，党的十八大对文化强国的意义做了着重强调：“文化是民族的血脉，是人民的精神家园。全面建成小康社会，实现中华民族伟大复兴，必须推动社会主义文化大发展大繁荣，兴起社会主义文化建设新高潮，提高国家文化软实力，发挥文化引领风尚、教育人民、服务社会、推动发展的作用。”海洋文化是我国文化建设的一部分，海洋文化资源具有诸多价值，其开发利用也日渐得到国家的重视。

2008年的《国家海洋事业发展规划》指出，要“有针对性地开展各类海洋文化活动和海洋警示教育。加强海洋文化遗产的保护和挖掘，开展海洋文化基础设施建设”。2013年印发的《国家海洋事业发展“十二五”规划》进一步强调：“要培养海洋文化产业……积极发展海洋文化娱乐、旅游休闲、体育运动等产业，培育一批优质海洋旅游景区和旅游线路，打造国家精品海岸和海岛旅游带。继续搞好青岛国际海洋节、厦门国际海洋周、象山开渔节、平潭国际沙雕节等各具特色的海洋节庆活动，打造招商引资、集聚产业的文化平台。”

(一)海洋文化资源旅游开发

海洋文化资源的旅游开发，是从满足人的休闲、娱乐需求而言。我国沿海不仅海洋文化资源众多，而且沿海诸省也开始关注该部分资源，已有许多地方借此来发展旅游业。

从中国最北的沿海省份——辽宁省的情况来看，该省跨黄海、渤海两个海域，有海岸线2878多千米。汇集了各类海洋文化资源，除自然文化资源外，还有金牛山猿人遗址、秦代行宫遗址碣石宫、旅顺的万忠墓和营口西炮台等历史文化资源以及丰富的生态文化、民俗文化等资源。经过多年发展和探索，辽宁省海洋文化资源的旅游开发收到良好效果，从以滨海旅游文化产业为主，逐渐向新兴海洋生态文化产业和海洋体育文化产业发展，其中滨海旅游产业是辽宁省海洋产业的支柱产业之一，逐年保持较高的增长态势。①

山东省是我国的海洋大省，其开发海洋的历史久远，海洋文化资源极其丰富。除了上文提及的长岛北庄聚落文化，还有秦始皇东巡时登临的琅琊台、田横将士殉义的田横岛、春秋时期的齐长城遗址、即墨熊牙所古城遗址、烟台东炮台等多处文化遗址；有青岛八大关近代建筑群、基督教堂、烟台山西方建筑群、威海英式建筑等建筑遗址；有戚继光故里、徐福故里等名人故居；有蓬莱水城、威海刘公岛、甲午海战纪念馆、北洋海军提督署等军事遗迹。

---

① 林宪生、迟妮娜：《辽宁海洋文化产业基地建设研究》，载《海洋开发与管理》，2008年第11期。

宗教信仰方面，有八仙信仰、妈祖信仰、龙王信仰，青岛的崂山更是道教圣地。

山东省在海洋文化资源的旅游开发上做了多种努力。相关的项目包括现代海洋节庆、海洋文化景观、海洋博物馆、滨海休闲娱乐等。诸如海洋节庆在延续传统的基础上又有新的内容和形式，有青岛国际啤酒节、青岛国际海洋节、崂山旅游文化节、红岛蛤蜊节、金沙滩文化旅游节、烟台国际葡萄酒节、长岛渔家乐民俗文化旅游节、长岛中华妈祖文化节、长岛海鲜节、荣成国际渔民节、威海国际钓鱼节等。海洋文化景观有青岛五四广场、栈桥、奥帆中心等。海洋博物馆有青岛海军博物馆、胶东民俗文化博物馆。滨海休闲娱乐资源有烟台鲸鲨馆、37°梦幻海、青岛唐岛湾海上嘉年华、极地海洋世界、威海西霞口野生动物园等。[①]

在长江三角洲一带，江苏省沿着950多千米海岸线形成了独具特色的海洋文化区，该区域具有丰富的文化内涵和旅游资源，是江苏地域文化的重要组成部分。其海洋文化资源开发主要集中在深入挖掘港口文化、重视海外交流文化、保护海洋民俗文化、挖掘海洋神话传说，开发建成了连岛、苏马湾等一批以海洋文化为主题的旅游景点，并定期举办“连云港之夏”等各类大型海洋文化节、申报世界文化遗产“海上丝绸之路”。并着力研究撰写渔业生产史、海洋运输史、海上漕运史，举行郑和下西洋等纪念活动，重视开拓和营造海洋文化氛围。[②] 上海是一个临海的国际大都市，拥有海滩湿地、海塘堤坝、渔港村落、海港码头、海防要塞等多元的海洋文化类型，外滩和上海海洋水族馆等传统海洋文化资源的开发利用日趋成熟，为其他海洋文化资源挖掘提供借鉴。

浙江省采取积极措施，将海洋文化资源开发作为其海洋战略的重要组成部分。浙江省岱山县具有发展海洋文化经济的基础条件和潜在优势。他们顺应海洋文化经济的发展趋势，围绕“海”字做文章，大力挖掘海洋历史文化底蕴，倾力打造海洋文化名县。从2005年至2007年成功举办了三届中国海洋

① 柳敏：《胶东半岛海洋文化旅游资源及开发建议》，载《四川旅游学院学报》，2015年第3期。
② 王培君：《江苏水文化与沿海开发》，载《河海大学学报・哲学社会科学版》，2010年第2期。

文化节，抢占了该领域在周边地区的制高点，为打造海洋文化名县创设了新的有效载体。文化节按照学术研究和文化娱乐两大主线展开，每次持续1~3个月，开展了休渔谢洋大典、研讨会、海洋文化主题文体比赛娱乐等活动，使海洋文化节成为岱山的一张新名片。

浙江省宁波市象山县海洋文化资源丰富。以开发民俗节庆活动为切入点，自1998年至今，已成功举办20次“中国开渔节”，该节庆规模不断扩大，吸引了各国各地的游客，影响日益广泛，跻身宁波三大地方特色节庆活动和国家旅游局十大民俗节庆活动。象山开渔节为当地旅游业注入新的生机，近年来，象山旅游人数以每年50%的速度快速增长，现全年已突破230万人次。[①]

福建省无论是在海洋活动还是海洋文化上都是中国沿海省份的杰出一员。福建省也十分注重海洋文化资源的旅游开发，以2013年为例，福建抓住国家旅游局把是年定为“中国旅游年”的契机，以“欢乐海峡·相约福建”为主题，推出了各种海洋文化旅游活动。其中海洋节庆活动是主打品牌之一，在福州有第十一届“两马同春闹元宵”和“百舸争流”——福清海祭民俗文化节；漳州有海峡两岸开漳圣王文化旅游节；在泉州有“乡土乡情乡韵”——世界闽南文化节、第七届闽台对渡文化节暨蚶江海上泼水节和南安蚵蛳民俗风情展；莆田有莆田工艺品博览会和“女神朝觐”——海上祭妈祖。

南海海域的广东、广西、海南是我国海上丝绸之路贸易最早的区域，而且广东省长期以来都是我国海洋活动的重镇，海洋文化资源极其丰富。广东省在海洋文化资源的开发上富有成效，在市政建设上，有许多以海洋物质文化为主题的公共娱乐设施。如位于珠江畔繁华商业区的广东文化公园，是集宣传展览、文娱体育、园林绿化、游乐活动的综合性文化娱乐场。位于湛江市的霞山观海长廊，南起海滨码头，与海滨公园相连，南至海洋路，与渔港公园为邻，形成海天一色的壮观景色。注重保护宗教信仰建筑，如汕尾凤山妈祖庙，已成为汕尾妈祖文化交流、旅游、休闲和其他海洋文化活动的好去处。

民俗文化是海洋旅游开发的重点。广东湛江吴川地区是著名的海洋民俗

① 张开城：《粤浙两省海洋文化资源开发利用的思考》，载《特区经济》，2011年第4期。

文化之乡，有很多传统、古朴、敦厚的民俗文艺活动，如舞狮、舞龙、粤剧等。这些文化活动为节日喜欢、增乐趣，形成独特的文化氛围。还有广东东莞每年农历五月初一至十五的赛龙舟，是海洋民俗文化的一大亮点，是广东海洋旅游的一道风景。①

（二）海洋文化资源产业开发

海洋文化资源产业开发主要是着眼于资源的经济价值，“海洋文化资源产业”的概念基于人们对海洋文化的需求，为此，通过挖掘海洋文化资源的深层文化，而后应用市场运作的方式，将其规模化，形成产业链条，最终满足人们需求以实现经济利益。“产业开发”是要充分利用海洋文化资源消费的各个环节，打造各种产品，着眼长远，做到可持续的循环经济的发展。“海洋文化资源产业”具有整体性、环保性、持续性的特点，目前已引起许多相关人士的关注。

能形成产业开发的海洋文化资源通常也具有分布广泛的特点，以海洋信仰文化为例，妈祖文化资源最具产业开发的价值。2015 年由台湾海洋大学、成功大学以及福建的厦门大学联合举办的《海洋文化学术研讨会》就有一篇题为《21 世纪海上丝绸之路背景下妈祖文化产业发展的策略探析》的文章，文中列举了妈祖文化产业可开发的各种产品。

1. 开发妈祖文化创意产品

该类产品主要突出愉悦性、可读性、观赏性、收藏性等特点。就妈祖畅销图书而言，开发面向儿童及青少年的妈祖故事、妈祖画报等产品，开发面向信众的妈祖心灵读本、妈祖大爱故事、妈祖宫庙地图等。就妈祖动漫游戏产品而言，集合两岸及海内外动漫、游戏领域的创意人才，结合各地传说妈祖故事和妈祖在现代的功能，开发以妈祖为主题的手机游戏、动漫电影等；就妈祖工艺美术产业而言，市场开发了与妈祖相关的玉器、木雕、根雕等，今后可以利用贝壳、珊瑚等海洋相关的材质，创造妈祖工艺产品。妈祖木刻

① 向晓梅：《深蓝广东——广东建设海洋经济强省的优势、挑战与战略选择》，广州：广东经济出版社，第 333-334 页。

版画、剪纸、刺绣、工艺画、篆刻等也是今后重点开发的产品。

2. 开发妈祖文化旅游产品

该类产品主要突出实用性、纪念性、生活化等特点。台湾开发的妈祖公仔以卡通形象、现代元素等方式，打动了旅客消费心理，其经验值得借鉴。

各地开发旅游产品应该嵌套地方资源，从而开创出有市场竞争力的独特产品。例如，泉州市安溪县善坛开发妈祖文化旅游产品，可以将妈祖文化元素与畲族特色文化融合于旅游产品中；龙岩市永定县西坡天后宫是“塔式”建筑，特点突出，属于全国文物保护单位，将西坡妈祖文化资源与乡村旅游结合，开发独具特色的乡村旅游产品。

3. 开发妈祖文化祭祀产品

该类产品开发要紧扣生态性、循环性、便捷性等特点。环境保护是世界关注的共同话题，妈祖文化中拥有不少与海洋和谐的思想，因此，妈祖文化信仰要践行低碳、环保、节俭的理念，开发生态、低碳的妈祖祭祀产品。改变传统香、蜡烛、鞭炮制作材料，采用环保型材料，或者设计电子鞭炮、电子香烛等。妈祖祭祀产品有大量的面食类食品、海鲜食品、果类食品等，可以研发这些产品的替代象征物，循环使用，避免浪费。同时，宫庙建筑可以考虑绿色、环保型材料，避免不必要的铺张浪费。

4. 开发妈祖文化海洋产品

该类产品主要将妈祖文化与海洋经济产业契合。其产品突出妈祖文化内涵与相关海洋产品的内在关联性。适当推出以妈祖品牌为主的海产品、水产品。海洋博物馆、海洋文化主题公园、海洋文化节、海洋生态文明教育基地等建设可以将妈祖文化相关的海洋创意产品纳入规划。①

上述整个产业链，实际上或是局部环节，或是某些地方已有付诸实践，但是还缺乏从整个产业化的思路来开发妈祖文化资源，产业化也是海洋文化资源今后经济开发的新趋势。

---

① 帅志强、曾伟：《21世纪海上丝绸之路背景下妈祖文化产业发展的策略探析》，见《海洋文化学术研讨会2015年度年会论文集》。

(三)海洋文化资源展示

海洋文化资源开发利用的另一条途径是建立各种遗址博物馆、海洋展馆以及历史文化资源复原等，通过资源展示的方式以满足人们观光、提升自身水平的需求。

为了展示早期海洋文明，一些地方在挖掘出的原始时代贝丘遗址上建立博物馆。东莞蚝岗贝丘遗址博物馆就是其中之一，该馆于 2007 年 6 月正式建成并对外免费开放，展馆共分三层，由时光隧道、遗址展厅、蚝岗文物展厅、三江彩陶展厅、临时展厅、互动展厅等组成。博物馆将考古发掘现场与出土文物、图片和场景复原等展示手段相结合，真实生动地再现了 5000 多年前“蚝岗人”的衣食住行等生活情景和遗址发掘过程。蚝岗遗址保存面积约 650 平方米，据专家称，珠江三角洲是距今一万年以来逐步形成的，遗址当时很可能是个海岛，遗址西部原有一流向西北的河流，可为先民提供饮用淡水。蚝岗遗址发现了四方形的水沟痕迹和墓葬，还有石磨，这说明当时古人类已经在这里建房定居、生息。而从堆积如山的蚝壳、大量的鱼骨及只见渔猎工具可判断：当时蚝村人乃至珠三角祖先们的经济生活主要以在海边渔猎为生，他们已经懂得在房子之间挖排水沟，每天都从海边捕捞大量的海贝、鱼类，在食海鲜同时，他们也会用石磨磨出一些野生稻、薯芋之类食用。

明代郑和下西洋是我国航海史上的壮举，为纪念这一伟大事迹以及展示我国古代造船水平，江苏省南京市在龙江宝船厂遗址之上建立宝船遗址公园。龙江宝船厂是明代最大的造船厂，郑和船队的船只除部分在福建等地建造外，大部分都是造于该厂。明以后宝船厂逐渐废弃，整个遗址多已成为农田及水塘。2005 年 7 月宝船遗址公园一期工程建成开放，主要景区有：四作塘北岸的郑和文化体验区，由郑和碑廊、郑和文化墙、七艘古船模型、中华古代使节墙等组成，意在给游人创造一种体验和领略郑和文化的意境与空间；五作塘北岸的航海科技体验区，由航海科技雕塑、时光廊柱、航海体验台、宝船部件雕塑等组成，意在给游人以航海知识的熏陶和古代科技的体验；六作塘北岸的蓬厂作坊体验区，由细木作坊、铁作坊、缆作坊等组成，意在给游人体验和感受明代宝船厂生产的场景。此外还有提举官衙体验区、蓬厂生活体验区和巨锚广场体验区，全景式再现了当年宝船厂恢宏气势和繁忙盛况。公园还展示了宝船的复原模型，该模型船按照郑和船队中的中号宝船尺度设计建造，船长 63.25 米、船宽 13.8 米，6 桅 8 帆，排水量约1300 吨。

我国还有丰富的海洋军事文化资源，许多城市建设了海洋军事题材的展馆与公园。青岛海军博物馆是中国第一座海军博物馆，建成于 1989 年 10 月 1 日，博物馆分为室内展示区、户外展示区和海上展览区三个部分，陆海占地总面积达 4 万平方米，收藏、研究、保留和陈列人民海军的装备，直观地展示出海洋军事文化。1924 年，曾追随孙中山先生在广东参加护法运动的“护法舰队”由司令温树德率领离开广州，驻扎青岛，被北洋政府编为“渤海舰队”，其司令部就在这里。这里还是中华人民共和国成立初期时第三海军学校的旧址，人民海军快艇部队的发源地，有得天独厚的海港、码头和广场，是建设海上博物馆的理想场所。①

旅顺军港公园也颇为出名，它地处辽东半岛西南端、黄海北岸。东侧黄金山、西侧老虎尾半岛、西南老铁山环守旅顺军港。自 1985 年开始，在这一带建海岸公园的工程开始实施。首先拆除了苏军驻旅顺时期的水泥库房，对这一地段海堤进行了维修，并铺砌水泥方砖。在黄河路一侧砌上带有铸铁护栏的围墙，公园内架设藤架、种植草坪，还栽种了锦带、龙柏、柳树、雪松等观赏树木。游客到此可饱览海军战舰的威严风采，还能感受近代中国海军的悲壮。

福建厦门市在胡里山炮台遗址基础上修建了炮台公园。胡里山炮台地理位置十分重要，东距白石头炮台 4500 米左右，向东可支援白石头炮台，正(南)面和对岸的屿仔尾炮台隔海相对，互为犄角，炮火交叉可封锁阻击厦门航道之敌舰；向西可追击进入厦门港的敌舰，同时可协助相距 5000 米左右的磐石炮台，守住厦门港；向北可支援陆军阵营等。胡里山炮台还配备了当时最优的装备，特别是两尊 280 毫米口径、射角为 360°的克虏伯大炮，威力巨大，成为战略性炮台，是主炮台、指挥台，是厦门要塞的“天南锁钥”。胡里

① 王赟:《青岛海洋文化资源及其保护与利用研究》，中国海洋大学硕士论文，2013 年。

山炮台“历史再现项目”采取高科技手段、现代工艺和表现手法，建设幻影成像影厅、4D影院、胡里山炮台与克虏伯家族情缘资料馆、仿制红夷大炮发射表演区四个重点项目，充分展示了胡里山炮台历史场景。①

泉州海外交通史博物馆是一家开发、展示我国传统海外交通文化的博物馆。该馆1959年创建，新馆于1991年建成。它的外形像一艘扬帆起航的大海船，内设有“泉州海外交通史陈列馆”“泉州宗教石刻馆”“泉州民俗文化陈列馆”和“中国古代船模馆”四个展馆。在这些展厅中，分别陈列着不少举世闻名的文物瑰宝，除了一艘国内发现年代最早、体量最大的宋代海船及其大量伴随出土物外，还有数十根木、铁、石古代锚具，数百方宋元伊斯兰教、古基督教、印度教石刻，各个时期的外销陶瓷器，160多艘中国历代各水域的代表性船模以及数量繁多的反映海外交通民俗文化的器物。

除此之外，还有众多出名的展馆，如上海中国航海博物馆，它是中国目前规模最大、等级最高的综合性航海博物馆，内藏2万多件文物，全面反映了中国航海历史、航海文化及航海技术，其中包括一艘以古代造船工艺复制的巨型明代福船，船模300余艘以及战国时期的水陆攻战船、纹青铜器壶等珍贵文物和重要史料。广东海上丝绸之路博物馆，设有陈列馆、水晶宫、藏品仓库等设施，投巨资建成“南海一号”保护馆。宁波的镇海口海防历史纪念馆，是为了纪念明朝中叶以来，镇海抗击倭寇和抗英、抗法、抗日四次闻名中外的反侵略战争而修建的历史纪念场所。

（四）海洋考古

海洋考古是水下考古的分支，它以海洋水下文化遗产为研究对象，对淹没于海下的古代遗迹和遗物进行调查、勘测和发掘。海洋考古通过自身的技术方法，发现埋藏于海中的海洋文化资源，并通过发掘，而后进行研究，向世人展示，从而发挥出海洋文化资源的价值。因此，海洋考古是海洋文化资源开发的重要内容。

海洋考古由于技术限制，迟至20世纪40年代才兴起。中国从20世纪80

① 范英、江立平：《海洋社会学》，广州：世界图书出版广东有限公司，2012年，第312页。

年代开始了水下考古工作，1987 年我国成立了“国家水下考古协调小组”，同年成立了中国历史博物馆水下考古研究中心。1989—1990 年，在青岛举办第一届海洋考古专业人员培训班，标志着当代海洋考古方法传入我国。此后，在辽宁、山东、浙江、福建、广东沿海先后开展了十多处宋元明清不同时期沉船遗址的水下调查和发掘，2009 年中国国家文物局成立了水下文化遗产保护中心，承担中国水下文化遗产项目和水下考古项目的相关工作。从最早在泉州的滩涂挖掘沉船，到 20 世纪八九十年代后在近海做考古调查发掘，再到 2013 年在南沙群岛进行海下考古发掘，中国建立起一支包括多部门的水下文化遗产保护协调小组。

我国在建设海洋考古学之前，对海洋文化资源发掘最有影响力的是 1974 年的泉州湾宋代古沉船。1973 年 8 月，几位学者在泉州湾后渚港考察海外交通史迹，经当地人士提供的线索发现该艘古沉船，后经几次小规模调查，于 1974 年 3 月制定《泉州湾古船发掘、保护计划》。从 6 月 9 日开始挖掘，历时两个半月基本完成田野工作，发掘土方 1814 立方米。发掘工作是在海滩上进行的，同陆上发掘工作比较，尤其具有特殊性。在发掘过程经常遇到涨潮淹没的影响，而且适在台风和多雨季节，不得不在与风浪战斗中工作，加上设备和经验不足，使挖掘工作遇上不少困难。①

通过考古挖掘，我们可以清晰地看到宋代远洋船只的结构。除龙骨外，舷侧板用三重木板，船壳板用二重木板，该海船共有 13 个船舱，并采用了水密隔舱。同时还可以看到宋代多种工艺品的制造水平与风格，如出土的陶瓷器，青釉花瓣式盒盖和青釉碗、青釉洗等器物，是宋代龙泉窑烧造的，这类青釉器内外均施釉，釉汁光亮莹润，表面呈细小碎裂纹。黑釉器中兔毫盏标本，是宋代建阳水吉建窑的产品。白釉瓷盒和瓷碗等，按其釉色和造型，是闽南地区古窑所出。运载的货物有铜钱、香料木和胡椒等。出土的木牌与木签，墨书文字的木牌(签)上写有“曾幹水记”“林幹水记”“张幹水记”等，可以考察宋代海外贸易的管理。

---

① 福建省泉州市海外交通史博物馆：《泉州湾宋代海船发掘与研究》，北京：海洋出版社，1987 年，“引言”。

20世纪80年代后，影响最大的海洋考古是广东省阳江市南海海域“南海一号”的发掘。另外要提及的是新技术设备下的海洋考古，2014年1月24日，中国首艘水下考古船“中国考古1号”，在重庆长航东风船舶工业公司正式下水试航，肩负起中国海洋水下考古的重任。中国也从此告别“租用渔船时代”。“中国考古1号”工作船采用全电力推动动力方式，全长57.91米、宽10.8米、深4.8米，满载排水量980吨，续航力1000海里，自持力30天，核定载员30人。船上配有考古仪器设备间、出水文物保护实验室、潜水工作室、减压舱等设备。“中国考古1号”的建成使用，填补了中国的一项空白，让中国水下考古专业设备装备水平迈入国际先进行列。

“中国考古1号”的第一次打捞是在南海流域找寻郑和下西洋航线的遗存。考古船的投入和使用，将中国水下文化遗产保护工作向前推进了一大步。2014年10月10日，该船在河北唐山海港经济开发区正式启动为期一个月的东坑坨2014年度水下考古工作。考古部门目前已在唐山东坑坨海域发现了两艘古代沉船。其中，“东坑坨1号”沉船是中国目前发现的年代最早、保存最完整的清代晚期至民国时期的铜皮木船。2015年4月12日，“中国考古1号”起航赶赴西沙永乐群岛海域开展工作，至5月25日返回文昌清澜港，结束了西沙群岛2015年水下考古工作。此次考古取得突出成果，其中“珊瑚岛一号”沉船遗址发掘出水37件文物，完成“金银岛一号”沉船遗址水下考古调查、甘泉岛遗址陆地考古调查、永乐环礁礁盘外海域物理探测调查。

海洋考古是发现海洋文化资源的有力手段，海洋考古是对尘封于历史、埋藏于海下的文化资源的一次直接开发，其出土的文物具有观赏、经济、历史和教育等多重价值，通常不是金钱可以衡量的。

三、海洋文化资源空间养护之道

（一）海洋文化资源空间开发的问题

海洋文化资源开发中存在三种不利于海洋文化资源的情形。其一，对海洋文化资源关注不够，未能适当开发，致使许多海洋文化资源湮没无闻，甚至走向消亡。其二，对海洋文化资源开发过度，致使一些海洋文化资源遭受破坏。其三，某些海洋文化资源开发的同时伴随着破坏。

造成第一种情形的原因是由于海洋文化资源众多，政府、企业因财力的限制，不能做到全面顾及，或优先着眼于经济回报快、影响力大的项目。尤其是沿海人民日常生活中形成的行为习惯、风俗信仰、衣食住行、民间艺术、传统工艺等容易被忽视，上述这些非物质文化资源，其生存土壤是传统的劳作与生活方式，随着时代的进步以及人们生活方式的变化，这些缺乏物质载体的文化资源就逐步濒临消失。再加上当前对这部分资源重视不够，未采取适当开发，以及其保护与传承中的诸多问题，致使诸多海洋文化资源的生存更是雪上加霜。

海草房是青岛及胶东一带富有特色的民居，其独特的建筑形式，是整个胶东民俗文化的重要符号，蕴藏了渔民们的勤劳智慧，是渔民们在长期特定的海洋气候和环境下形成的结晶。海草房的分布主要在胶东半岛的沿海地带，而荣成沿海区域的海草房最为古老、集中，最具代表性。在青岛，主要分布在崂山、薛家岛一带的沿海渔村。海草房是由大石头砌墙，然后用生长在5~10米深的浅海的大叶海苔等野生藻类晒干后铺在屋顶。屋顶设计成三角形大陡坡，便于雪水向下流。另外，为了防止起风时海草被刮跑，在面朝大海的一面通常会罩上渔网，用石块坠住。由于政府没有意识要去投入精力保护，而当地渔民希望生活条件能够得到提高，所以大量的海草房都被拆除修建了新的现代化的房子，导致海草房这个青岛传统的海洋民俗资源已经濒临消失。[①]

对于一些见效快、回报高的海洋文化资源，许多开发者蜂拥而入，为谋取经济利益，不惜以破坏海洋文化资源为代价。如威海乳山银滩旅游度假区，银滩沙软海蓝，气候宜人，但由于规划不合理，急功近利地开发房地产和度假区，大量的人工建筑与周围的环境十分不和谐，破坏了当地美丽的自然景致和资源。[②] 近些年来，随着人民生活水平的提高，旅游成了众多国民不可或缺的一项活动，沿海景区备受游客青睐，每逢节假日各地海洋景点都可谓"人

---

① 王赟：《青岛海洋文化资源及其保护与利用研究》，中国海洋大学硕士论文，2013年。
② 江志全：《山东半岛海洋文化资源的保护和开发——以威海为例》，见《建设经济文化强省：挑战·机遇·对策——山东省社会科学界2009年学术年会文集》。

满为患”，严重超过了当地资源的承载量，对海洋文化资源造成严重破坏。

第三种情形通常是针对海洋遗址、遗迹发掘而言，海洋考古一方面给我们展示了掩埋于水下的海洋文化资源；另一方面，通过发掘也使得水下文物离开了它长期稳定的环境，造成资源的破坏。通常来说，海洋文物的破坏就是从出水的那一刻开始，一旦离开了原先的环境，它就要面临新环境中各种物质的侵蚀，若向游客开放参观，其被破坏的速度更是惊人。“南海一号”早期发掘出水的瓷器发生破损就是最好的佐证。因此，从海洋考古角度来讲，真正的发掘挑战是在文物出水的瞬间开始形成，如何营造一个与原来环境相近的空间，是海洋文化资源发掘前应考虑的问题。

(二)海洋文化资源空间的保护策略

海洋文化资源开发利用的同时要高度重视对其保护，随着时代的前进，物质文化资源的原有形态将不断减少或破坏，非物质文化资源则日渐失去生存的土壤，保护海洋文化资源不仅急迫，而且有其独特的一面。我国已认识到保护海洋文化资源的重要性，《国家海洋事业发展“十二五”规划》专列“保护海洋文化遗产”一节，指出要：“制定海洋文化遗产保护规划。加强海洋文化遗产研究和调查，初步查清我国涉海文物和非物质文化遗产数量、规模和保护现状。加强海洋水下文化遗产保护……提高水下考古科技和装备水平。加强各级水下文物保护区建设，加大执法力度，保障管辖海域水下文化遗产安全。系统整理保护民间节庆等习俗、文学艺术、传统技艺、饮食服饰等涉海非物质文化遗产及代表性传承人，拓展文化遗产传承利用途径。”

首先，在海洋文化资源开发中要完善各项保护措施，以最大程度降低对海洋文化资源的破坏。“南海一号”的打捞与保存是海洋文化资源保护的一个典范，在打捞该沉船前制订了严密计划，采取“整体打捞”的方案，将沉船、文物与周围海水泥沙按照原状一次性吊浮起运，保持了最相近的沉船原有环境，然后将其迁至事先准备好的巨型玻璃缸中(即“水晶宫”)，再开展细致的发掘工作。由此可见，要做好海洋文化资源的保护，需要巨大的财力、物力、人力以及达到相应的科技能力方能实现。

其次，积极引入保护性开发形式。海洋文化资源的开发和保护完全可以同时进行，具体形式如：建设海洋文化资源专题博物馆，这类博物馆既是海洋文化资源的展示实体，又应不失时机地将有关资源保护的宣传教育渗透到每一个细节，使人们意识到哪些资源存在危机、哪些资源需要保护；建设海洋文化景观生态保护区，如特色街巷、古集镇、沿海渔村、海洋居民建筑等海洋文化聚落景观，例如浙江象山海洋渔文化生态保护实验区的建设就是一个很好的实践，既使游客体验到具有地方特色的、古朴原始的渔民生活，又将保护海洋文化资源的生态环境作为一个正式项目来建设，将开发与保护很好地融合在了一起。因此，资源和开发并非绝对的对立，只是要选择适合的方式，寻求保护性开发。

再次，采取动态配合的保护方式。实现可持续发展需要注意保护方式的问题，文化是活的资源，应动态变换保护方式，随着开发方式的变化动态地跟进保护工作，对于要在什么样的情况下进行创新，保持其活力是关键。开发与保护工作始终相互配合、相互适应，保护方式不可能一成不变。

最后，走“科技+文化”的资源开发道路。一方面是在海洋文化资源的开发、文化产品的创新创造上，许多未开发的资源由于其特殊的存在形式、本质特点和自然条件而没有合适的表现载体，如一些特殊的海船和水下文物是重大历史事件的实物见证，因处于水下而存在开发困难，可以运用高新科技建造潜水观光旅游设备；另一方面是在资源保护上，采用新技术加强对海洋文化景观的保护，如采用仿制技术进行古旧修复、建立高效的信息监测系统对损害进行实时监测和保护、科学分析景点承载力以适度开放景点等。将现代科技应用于非物质文化的开发和保护中，如利用数字化信息获取技术、多媒体模拟技术、虚拟场景展示技术等虚拟现实技术，对传统海洋手工艺文化通过有关生产、使用、流通和传播传承方式进行模拟再现。利用高科技开创新型海洋旅游休闲方式，既为游客提供新鲜感，又有利于对海洋非物质文化遗产的保护。[1]

---

① 李立鑫、瞿群臻：《长三角区域海洋文化资源开发研究》，载《科技管理研究》，2014年第6期。

第七章

中国海洋资源空间拓展

人类的生存发展与海洋息息相关，海洋是人类社会可持续发展的宝贵财富和资源空间。21 世纪是海洋的世纪，面对资源趋紧、环境恶化，人类开始进入全面开发和利用海洋资源的新时代，开发与利用海洋资源已成为世界各国重要国策，海洋已成为当今世界各国展开竞争的重要资源空间，直接关系各国的生存与发展。党的十九大已吹响“加快建设海洋强国”的号角，亟须大力拓展中国海洋资源空间。随着科学技术的进步，人类开始着手解决长期困扰自己的海洋科学领域的新老问题，首要问题就是如何获取海洋资源，同时开始寻求如何保护海洋资源空间，这已然成为人类关注的新问题。

具体而言，就是以怎样的方式从海洋中获取食物、能源和矿物资源，而又能够保持海洋的生态平衡，如何科学管理和合理开发近海、海洋专属经济区和未来的海岸带等海洋资源空间，实现可持续发展。一是加强海洋环境保护与治理，严格控制入海河流污染物排放，遏制近岸海域水质恶化趋势，维护海洋生态系统的多样性。二是要改变粗放型的海洋资源开发方式，大力发展海洋高新技术产业，增加产品附加值，优化海洋产业结构与布局。三是要适度控制近岸海域的海洋开发强度，积极拓展深远海开发。

拓展中国海洋资源空间的基本要求

健康的海洋生态与环境是海洋资源持续更新的保证，如果海洋生态遭到破坏，海洋环境被污染，那将意味着海洋资源失去赖以生存的机体，而后枯萎，甚至消亡。海洋资源的存在与运动构成海洋资源空间，失去海洋资源也就没有所谓的海洋资源空间，海洋生态与环境的好坏对海洋资源空间的伸缩具有极大影响，保护海洋生态与环境是拓宽海洋资源空间的基本要求。

联合国《21 世纪议程》指出：海洋是全球生命支持系统的一个基本组成部分，也是一种有助于实现可持续发展的宝贵财富。据联合国秘书长报告的资料显示，全球陆地为人类提供的生态价值 12 万亿美元，海洋提供的生态价值 21 万亿美元。1996 年制定的《中国海洋 21 世纪议程》是为了在海洋领域更好地贯彻《中国 21 世纪议程》精神，促进中国海洋的可持续开发与利用。《中国海洋21世纪议程》阐明了中国海洋可持续发展的基本战略、战略目标、基本对策以及主要行动领域，涉及海洋各领域的可持续开发利用、海洋综合管理、海洋环境保护等内容，可作为海洋可持续开发利用的政策指南。《全国海洋经济发展"十三五"规划》明确提出要"推进海洋生态文明建设，科学统筹海洋开发与保护"，"坚持开发与保护并重，加强海洋资源集约节约利用，强化海洋环境污染源头控制，切实保护海洋生态环境"，形成海陆统筹、人海和谐的海洋发展新格局。《国土资源"十三五"规划纲要》也提出要保护海洋生态环境，"加强海洋生物多样性保护。实施国家级海洋保护区规范化能力建设工程，新建一批海洋自然保护区、特别保护区和海洋公园。加强滨海湿地保护修复。在全国建立海洋生态红线制度"。

一、海陆统筹，加快海洋环境治理

我国自1982年颁布《中华人民共和国海洋环境保护法》以来，已出台海洋环保相关法律法规100多部，为海洋环保工作提供了法律依据。"十三五"规划提出要"坚持陆海统筹，发展海洋经济，科学开发海洋资源，保护海洋生态环境，维护海洋权益，建设海洋强国"。十九大报告中明确要求"坚持陆海统筹，加快建设海洋强国"。但是，中国海洋生态环境承载压力不断加大，海洋生态环境退化，海陆协同保护有待加强。因此，我们要坚持海陆统筹，合理开发海洋资源，保护海洋环境，不断增强海洋事业的可持续发展能力。

《中华人民共和国国民经济和社会发展第十三个五年规划纲要》要求加强海洋资源环境保护，"深入实施以海洋生态系统为基础的综合管理，推进海洋主体功能区建设，优化近岸海域空间布局，科学控制开发强度。严格控制围填海规模，加强海岸带保护与修复，自然岸线保有率不低于35%。严格控制捕捞强度，实施休渔制度。加强海洋资源勘探与开发，深入开展极地大洋科学考察。实施陆源污染物达标排海和排污总量控制制度，建立海洋资源环境承载力预警机制。建立海洋生态红线制度，实施'南红北柳'湿地修复工程和'生态岛礁'工程，加强海洋珍稀物种保护。加强海洋气候变化研究，提高海洋灾害监测、风险评估和防灾减灾能力，加强海上救灾战略预置，提升海上突发环境事故应急能力。实施海洋督察制度，开展常态化海洋督察。”

《全国海洋经济发展“十三五”规划》对环中国海各区域的海洋环保作出了具体部署：辽东半岛沿岸及海域要“严格控制入海污染物总量，加强辽河流域和近岸海域污染防治。加强与完善海洋保护区体系建设，建立并实施海洋生态红线制度”；渤海湾沿岸及海域要“加强渤海湾海域污染防治，强化陆源污染控制，实施严格的海洋生态红线制度，推进海洋生态环境整治与修复”；山东半岛沿岸及海域要“推进莱州湾、胶州湾等海湾污染治理和生态环境修复，有效防范赤潮、绿潮等海洋灾害”；江苏沿岸及海域要“统筹陆海环境保护与防治，强化海洋生态建设，加大滨海湿地、海州湾、吕四渔场海洋生态修复与保护”；上海沿岸及海域要“加强长江口、杭州湾近海海域污染综合治理及生态保护，实施奉贤、崇明岛、大金山岛生态整治与修复”；浙江沿岸及海域要“统筹陆海环境保护与污染防治，加强红树林和湿地保护与修复工程建设，维护重点港湾、湿地水动力和生态环境”；福建沿岸及海域要“加强重点流域环境整治，构建以沿岸河口、海湾、海岛等生态系统及海洋自然保护区条块交错的生态格局”；珠江口及其两翼沿岸及海域要“加强泛珠三角区域海洋污染防治，完善跨区域协作和联防机制，加强海洋生物多样性和重要海洋生境保护，完善伏季休渔和禁渔期、禁渔区制度，完善海洋环境污染事故应急响应机制”；广西北部湾沿岸及海域要“积极推进近岸海域污染防治，强化船舶污染治理，加强珍稀濒危物种、水产种质资源及沿海红树林、海草床、河口、海湾、滨海湿地等保护”；海南岛沿岸及海域要“划定海洋生态红线，加强对海口湾、三亚湾、洋浦等近岸湾口污染总量控制和动态监测，加强红树林、珊瑚礁、水产种质资源、海草床等保护，加大海洋保护区选划与建设力度”。

《国土资源“十三五”规划纲要》也要求积极推动海洋生态环境保护工程建设：一是蓝色海湾整治工程，“在胶州湾、辽东湾、渤海湾、杭州湾、厦门湾、北部湾等开展水质污染治理和环境综合治理，增加人造沙质岸线，恢复自然岸线、海岸原生风貌景观，在辽东湾、渤海湾等围填海区域开展补偿性环境整治和人工湿地建设”；二是全球海洋立体观测网工程，“统筹规划国家海洋观(监)测网布局，推进国家海洋环境实时在线监测系统和海外观(监)测站点建设，逐步形成全球海洋立体观(监)测系统，加强对海洋生态、洋流、海洋气象等观测研究”。

2017 年，我国首次开展了海洋督察工作，分两批对 11 个沿海省(区、市)的围填海专项督察和河北、福建、广东三省例行督察。2018 年，将进一步完善海洋督察工作机制，抓好首轮海洋督察发现问题的整改工作，适时开展海洋生态环境保护和养殖用海专项督察。①

鉴于近海污染程度的日益加重，中国加快了海洋环境治理，逐步形成了一批典型近岸生态环境修复技术，在海岸带环境、红树林和珊瑚礁等修复方面取得突破，开展了典型海岸带滩涂生境、生物资源修复技术研究与示范，在近岸生态环境修复方面积累了有益经验。该技术主要是利用有机体或其制作产品降解污染物，减少毒性或转化为无毒产品，富集和固定有毒物质，大尺度的生物修复还包括生态系统中的生态调控，在水产养殖、石油污染、重金属污染、城市排污及城市废物处理等方面具有极大的应用价值。中国海洋保护技术在海湾类型污染物排海总量控制技术、近岸海域纳污能力评价与区划技术、难降解有机污染物监测技术、赤潮等环境灾害跟踪监测与损害评估技术、含油污水处理技术及设备、养殖容量与调控技术等方面取得了一些突破，研究开发了一批与海洋环境保护有关的技术和产品。但由于基础薄弱，资金投入小，当前中国开发的重点仍以环境污染控制技术为主，清洁生产技术、资源综合利用技术以及现场快速污染监测技术方面的成果还比较少，海洋环境保护的技术水平较低，较国际先进水平还较落后。在海洋生态环境治理领域，厦门近来连续取得重大突破，生态修复工程成为“厦门样本”，蓝色海湾整治得到国家肯定。

二、人海和谐，推进海洋生态文明建设

面向未来，习近平总书记提出中国将把生态文明建设作为“十三五”规划重要内容，落实创新、协调、绿色、开放、共享的发展理念，形成人和自然和谐发展现代化建设新格局。十九大报告明确提出，“坚持人与自然和谐共

---

① 《我国海洋生态文明建设成效显著》，载《中国国土资源报》，2018 年 1 月 22 日。

生。建设生态文明是中华民族永续发展的千年大计。必须树立和践行绿水青山就是金山银山的理念，坚持节约资源和保护环境的基本国策”，生态文明建设功在当代、利在千秋。我们要牢固树立社会主义生态文明观，推动形成人与自然和谐发展现代化建设新格局。在加快建设海洋强国的关键时期，海洋在国家生态文明建设中的角色更加突显，必须推进海洋生态文明建设。

为了加快推进海洋生态文明建设，2015 年国家海洋局印发了《国家海洋局海洋生态文明建设实施方案(2015—2020 年)》，这是我国首个有关海洋生态文明建设的专项总体方案，将海洋生态文明建设贯穿于海洋事业发展的全过程和各方面。实施方案坚持“问题导向、需求牵引”和“海陆统筹、区域联动”的原则，以海洋生态环境保护和资源节约利用为主线，以制度体系和能力建设为重点，以重大项目和工程为抓手，提出了 10 个方面 31 项主要任务以及 4 个方面共 20 项重大工程项目，旨在推动海洋生态文明制度体系基本完善，推动海洋生态文明建设水平显著提高。

“十三五”规划首次将生态文明建设列入我国五年规划，把生态文明建设作为我国经济社会发展的要义。据此，《全国海洋经济发展“十三五”规划》也特别强调海洋生态文明建设，“坚持以节约优先、保护优先、自然恢复为主方针，加强海洋环境保护与生态修复力度，推进海洋资源集约节约利用与产业低碳发展，提高海洋防灾减灾能力，建设海洋生态文明”。提出了一系列切实可行的实施办法：如“建立海洋生态保护红线制度，实施强制保护和严格管控”，“加快建立陆海统筹的生态系统保护修复和污染防治区域联动机制”，“完善海洋生态环境保护责任追究和损害赔偿制度，加强海洋生态环境损害评估，落实生态环境损害修复责任”，“在湿地、海湾、海岛、河口等重要生境，开展生态修复和生物多样性保护”，“加强污染源监控的数据共享，实施联防联治，建立并实施重点海域排污总量控制制度，确定主要污染物排海总量控制指标”，“严格落实海洋主体功能区规划，依法执行海洋功能区划、海域权属管理、海域有偿使用制度，实施差别化用海政策，保障国家重大基础设施、海洋新兴产业、绿色环保低碳与循环经济产业、重大民生工程等建设项目用海需求”，等等。

近年来，国家行政管理部门大力推动国家级海洋生态文明建设示范区建设，目的是为蓝色国土的绿色发展提供“新标杆”和“试验田”。2013 年，公布了首批国家级海洋生态文明建设示范区 12 个，分别是：山东省威海市、日照市、长岛县，浙江省象山县、玉环县、洞头县，福建省厦门市、晋江市、东山县，广东省珠海横琴新区、南澳县、徐闻县。2015 年，公布了第二批国家级海洋生态文明建设示范区 12 个，分别是：辽宁省盘锦市、大连市旅顺口区，山东省青岛市、烟台市，江苏省南通市、东台市，浙江省嵊泗县，广东省惠州市、深圳市大鹏新区，广西壮族自治区北海市，海南省三亚市和三沙市。《国家海洋局海洋生态文明建设实施方案（2015—2020 年）》提出，规划到 2020 年，新增 40 个国家级海洋生态文明建设示范区。

以厦门市为例，厦门是一座典型的滨海旅游城市，2013 年 2 月获批成为首批国家级海洋生态文明建设示范区。厦门市在发展海洋经济的同时，也全方位地修复、保护珍贵的海洋资源，严格落实近海水环境治理、岸线修复、红树林种植、珍稀海洋物种保护等重要举措，全力推进厦门国家级海洋生态文明示范区建设工作。截至目前，全市已累计修复岸线 30 千米，建成人造沙滩 100 多万平方米，红树林种植 57 万平方米，退垦还海 8.58 平方千米，累计完成清淤 1.68 亿立方米，增加纳潮量 2100 多万立方米，有效保护了海域生态环境和珍稀海洋物种，为海洋空间的拓展做出了卓有成效的努力。

拓展中国海洋资源空间的有效路径

海洋是富饶而未充分开发的资源宝库，拓展海洋资源空间对人类社会的可持续健康发展意义重大。开发利用海洋资源已然成为国际竞争的主要内容，如何充分发挥所拥有的海洋资源优势，并不断拓展海洋资源空间，把握好全球海洋经济发展的战略机遇，是我国能否实现海洋强国梦想的关键问题。

一、坚持海洋资源的可持续发展

随着我国海洋资源开发活动的深度和广度与日俱增，相关的海洋环境问题日益严重。受不合理开发活动影响，近岸过度开发、局部海域污染严重、生态系统受损较重等问题突出。面对海洋资源开发过程中的诸多问题和严峻挑战，2015 年国务院印发了《全国海洋主体功能区规划》，是我国海洋空间开发的基础性和约束性规划，根据不同海域资源环境承载能力、现有开发强度和发展潜力，合理确定不同海域主体功能，科学谋划海洋开发，调整开发内容，规范开发秩序，提高开发能力和效率，着力推动海洋开发方式向循环利用型转变，实现可持续开发利用，构建陆海协调、人海和谐的海洋空间开发格局。

海洋资源开发要走可持续发展之路，不断增加新的可开发资源，但开发规模和速度不应超过海洋资源和环境的承载力。因此，要不断完善政策、法规建设，实现规范化的管理，使海洋资源开发有度、有序进行。2016 年颁布的《中华人民共和国深海海底区域资源勘探开发法》对深海海底区域资源勘探开发中的海洋环境保护作出了明确规定，加强深海海底区域环境保护，以保证可持续利用深海资源，维护全人类共同利益。深海海底资源勘探开发者首先要对勘探开发区域的海洋环境进行调查，确定环境基线，对勘探开发行为对区域的影响作出评估。同时，法律还规定勘探开发者要采取必要措施，防止、减少、控制勘探活动对海洋环境造成的污染和其他危害，保护海洋生态系统，维护生物多样性，保护海洋生物物种特别是珍稀濒危和有灭绝危险的物种。2018 年发表的《中国的北极政策》白皮书，提出总体目标是认识北极、保护北极、利用北极和参与治理北极，维护各国和国际社会在北极的共同利益，推动北极的可持续发展，“可持续是中国参与北极事务的根本目标。可持续就是要在北极推动环境保护、资源开发利用和人类活动的可持续性，致力于北极的永续发展。实现北极人与自然的和谐共存，实现生态环境保护与经济社会发展的有机协调，实现开发利用与管理保护的平衡兼顾，实现当代人利益与后代人利益的代际公平”。

拓展海洋资源空间，要坚持生态优先，绿色发展，杜绝不科学的开发方式，杜绝一切竭泽而渔般的过度开发，大力发展海洋循环经济。尤其要重视对波浪、海流、潮汐、温差、盐差等海洋可再生能源的开发。强化海洋可再生能源技术的实用化，开展其能源区划及技术集成创新和转化应用。

二、优化海洋空间布局，打造区域科技创新体系

我国已明确公布的内水和领海面积 38 万平方千米，这是利用海洋资源、进行海洋开发活动的核心区域。《全国海洋主体功能区规划》提出：优化开发渤海湾、长江口及其两翼、珠江口及其两翼、北部湾、海峡西部以及辽东半岛、山东半岛、苏北、海南岛附近海域。重点开发城镇建设用海区、港口和临港产业用海区、海洋工程和资源开发区。限制开发海洋渔业保障区、海洋特别保护区和海岛及其周边海域。禁止开发各级各类海洋自然保护区、领海基点所在岛礁等。该区域的发展方向与开发原则是，优化近岸海域空间布局，合理调整海域开发规模和时序，控制开发强度，严格实施围填海总量控制制度；推动海洋传统产业技术改造和优化升级，大力发展海洋高技术产业，积极发展现代海洋服务业，推动海洋产业结构向高端、高效、高附加值转变；推进海洋经济绿色发展，提高产业准入门槛，积极开发利用海洋可再生能源，增强海洋碳汇功能；严格控制陆源污染物排放，加强重点河口海湾污染整治和生态修复，规范入海排污口设置；有效保护自然岸线和典型海洋生态系统，提高海洋生态服务功能。

根据《国务院关于印发全国海洋主体功能区规划的通知》与《国家发展和改革委员会国家海洋局关于开展省级海洋主体功能区规划编制工作的通知》的要求，辽宁、天津、山东、江苏、浙江、广东和广西等省(区、市)分别编制了各自的海洋主体功能区规划，以此作为各地区科学开发海域空间资源的行动纲领和远景蓝图。这使我国初步形成主体功能定位清晰的海洋空间格局，为我国各沿海地区高效利用资源，稳定生态系统，规范开发秩序，提升可持续发展能力奠定了良好的基础。

同时，大力发展海洋高技术产业，加快海洋科技成果转化，提高海洋科技对近海资源开发、保护与综合管理的支撑能力。2011 年第一家国家科技兴海基地——上海临港海洋高技术产业示范基地被认定，之后又相继认定了辽宁大连现代海洋生物产业示范基地、江苏大丰海洋生物产业园、福建诏安金都海洋生物产业园，青岛海洋新兴产业示范基地、厦门海洋生物产业示范基

地和广州南沙新区科技兴海产业示范基地等6个国家科技兴海产业示范基地。目的是充分发挥国家科技兴海产业示范基地引领作用：引导"上海临港科技兴海基地"形成良性产业发展体系；推动"大连科技兴海基地"成为大连"海洋强市"建设的重要引擎；促进"福建诏安科技兴海基地"在海洋生物产业中试平台建设和特色产业聚集作用；青岛海洋新兴产业示范基地依托青岛蓝色硅谷建设，以推进海洋科技研发孵化和科技成果转化为主线，积极培育和发展海洋战略性新兴产业，将重点打造以海洋医药与生物制品、海洋工程装备、海洋新能源等为核心的海洋高技术企业孵化基地和高技术产业聚集区；厦门海洋生物产业示范基地以厦门生物医药港为基础，以体制机制创新、成果转化、园区建设、示范辐射为主线，联合同安轻工食品工业园区和厦门国家火炬高技术产业开发区火炬园、厦门海洋高新技术产业园，建设成为全国海洋生物产业发展先导区、两岸海洋生物产业合作示范区；广州南沙新区科技兴海产业示范基地拟打造"一核四区"的基地布局，将重点围绕海洋高端工程装备制造、海洋生物育种、海洋医药和生物制品、现代海洋服务四个产业，建成海洋科技创新和科技服务综合平台，形成海洋战略性新兴产业的集群。这些国家科技兴海产业示范基地的建立，将加快沿海地区基础设施、服务体系和相关产业建设，加强人才引进和龙头骨干企业培育，促进产学研紧密合作，推进海洋科技成果转化、产业化和培育海洋战略性新兴产业发展，为我国近海海洋资源合理充分地利用提供了有力的保障。

随着国家综合经济实力的增强，中国海洋科技将迎来快速发展的机遇期。《"十三五"海洋领域科技创新专项规划》又明确提出："支持青岛、天津、大连、上海、杭州、厦门、广州、深圳等，建设各具特色和优势的区域海洋科技创新体系，建成若干具有国际影响力的海洋科技创新中心。扩大实施科技兴海战略，按照京津冀、环渤海、长三角、海峡西岸、珠三角、北部湾区域布局，推动制定区域性科技兴海行动计划，促进建设区域协同创新共同体。""开发海洋，用好海洋，大力发展海洋经济"是天津未来促进经济持续快速发展的战略性选择，提高海洋资源空间开发能力，创新海洋科学高新技术，是天津市海洋经济健康发展的可靠保证。天津将加快构筑海洋科技攻关体系，重点在海水化学资源提取、浓海水工厂化制盐、海洋工程建筑领域开展科技攻关，形成一批具有自主知识产权的高水平科技成果，并加快海洋科技成果转化和产业步伐。上海正瞄准世界海洋科技前沿，打造海洋科技创新高地，到2020年，在深潜、深测、深探等一批关键技术上有所突破。预计到2020年，上海将初步建成与国家海洋强国战略目标相适应的若干个科技兴海基地。上海将以积聚力量、科技创新为重点向海洋拓展发展空间，重点支持载人深渊器、海洋工程装备、海洋生物医药、海洋新能源等领域的核心技术研发，形成一批具有自主知识产权、技术领先的海洋技术创新成果，同时依托临港海洋高新基地和长兴海洋科技港，打造海洋高新技术产业化集群和海洋产业化平台。厦门以"政府主导、联合共建、统筹规划、资源共享"为主线，集聚在厦门的海洋科研院校院所，强强联合，打造厦门国家南方海洋科学研究中心，进一步服务国家海洋战略和地方海洋经济的发展。厦门重点规划建设国家级海洋药源生物开发与技术利用平台，打造国家级海洋生物资源利用产业链开发示范工程；规划海峡两岸新兴产业和现代服务业合作示范区，推进两岸紧密合作。发展海洋高新产业，代表了未来厦门海洋经济的发展方向，并作为重点发展的战略性新兴产业。

今天，对于中国这样一个海洋大国，海洋科技创新对于海洋资源空间的拓展，对于经济发展的拉动作用日益突显，提高海洋科技实力是增强我国整体海洋竞争力的关键，建设海洋强国更离不开海洋科技创新的科学规划。2015年7月10日，《海洋科技创新总体规划》战略研究报告通过验收，规划以服务和支撑海洋强国建设为主线，坚持自主创新、全球视野、体制优化、工程带动4个基本原则，部署了5项基本任务，为编制规划及系列专项规划提供了较为全面和参考性强的基础资料和重要依据。《中国至2050年海洋科技发展路线图》正是在尝试建立一套可操作性的国家级海洋科技战略规划，围绕国家战略需求，在一批重大基础科学上取得突破，推动海洋科学整体水平的提高。"21世纪海上丝绸之路"已经开始铺就，海洋技术领域需要以成果转化和产业化为主线，以发展海洋高技术产业和战略性新兴产业、推动海洋经济发展方式转变和提高海洋产业国际竞争力为着力点，优化发展环境和资源配置，积极推动科技兴海工作新局面，促进海洋资源空间的有效拓展，为“21世纪海上丝绸之路”建设提供强有力的科技支撑。

三、科技引领，创新发展

拓展海洋资源空间必须走科技创新之路，采取各种有力措施，推动海洋科学技术进步，提高海洋开发的生产力水平，促进海洋科技与海洋开发活动的紧密结合，推动海洋经济持续、快速、健康发展。“十三五”时期是我国建设海洋强国的关键时期，习近平总书记强调：“建设海洋强国必须大力发展海洋高新技术。”海洋强国建设更加离不开科技的支撑，海洋科技成果转化以及海洋科技创新成果的实际应用能否实现，直接关系到海洋资源空间的拓展，而且关系到海洋事业发展的速度。

中国必须提高海洋资源开发和保护的科技水平，发展海洋高新技术及其产业，使其接近或达到世界先进水平。海洋科技将重点致力于海洋资源开发技术发展及其产业化、海洋资源可持续开发与保护、海洋资源开发中的服务保障技术等领域的研究，以提高中国海洋产业增长的质量和效益，并促进其全面发展，为缓解人口、资源、环境问题给中国可持续发展所带来的困难，促进相关产业的形成和发展以及提高人民生活质量等做出贡献。[①]《“十三五”海洋领域科技创新专项规划》明确提出，“大幅提升对全球海洋变化、深渊海洋、极地的科学认知能力；快速提升深海运载作业、海洋资源开发利用的技术服务能力”，“坚持有所为有所不为，重点在深水、绿色、安全的海洋高技术领域取得突破”。海洋科技是众多传统科技和现代高新技术在海洋领域里的集成，是以综合高效开发海洋资源空间为目的的高技术。发展海洋科学技术的根本目的是用越来越先进的科学知识和技术手段拓展海洋资源空间，不断获得新的海洋科技知识，发现新的可开发的海洋资源。围绕海洋资源开发，集成海洋监测、信息、预报等技术，形成业务化示范系统，为海洋工程、海洋交通运输、海洋渔业、海洋旅游、海上搜救、海洋管理等提供各种信息服务系统和产品，推动海洋资源空间的拓展。

---

① 国家海洋局：《中国海洋21世纪议程》，北京：海洋出版社，1996年。

海洋是一个蓝色的宝库，蕴藏着丰富的资源，开发海洋资源和拓展海洋资源空间就成了现代科学技术的重要课题之一。要拓展中国海洋资源空间，先得进行海洋资源观测，弄清海洋资源的储藏量和空间分布情况，加强对海洋生物资源与海水资源的开发与利用，增强对深远海资源的开发能力。

(一)海洋资源观测技术

海洋调查船在海洋资源观测过程中起到了不可或缺的重要作用，海洋调查船的整体性能和技术装备水平直接影响海洋资源空间的拓展和海洋事业的发展。海洋调查船必须具备系统地观测和采集海洋水文、气象、物理、化学、生物和地质的基本资料和样品所需要的仪器设备，还要具备整理分析资料、鉴定处理标本样品和进行初步综合研究工作所需要的条件和技术手段。现代海洋调查船具有坚固的船体、良好的航海性能和较大的续航力与自给力，装备有先进的测量仪器、电子计算机、通信设备、导航和定位系统、起重设备和绞车，设有多种实验室，装备有深潜器、调查浮标、气象火箭发射架等。

我国第一艘海洋调查船“金星”号，是1956年用一艘远洋救生拖轮改装而成的，适用于浅海综合性调查，“金星”号投入使用20多年，为研究渤海、黄海、东海测取了大量资料。1960年我国设计建成800吨的“气象1”号，1968年我国自主建造了第一艘海洋综合调查船“实践”号和具有海洋调查能力的“东方红”号教学船，1979年建成1.3万吨的“向阳红10”号海洋调查船，之后我国不断建造海洋调查新船。目前，已拥有海洋调查船达30多艘，著名的“雪龙”号和“大洋”号装备有现代化的探测及实验设备和设施，是中国赴极地和大洋进行科学考察的主力船舶，近年建造的“海洋六号”是中国第一艘自行设计、自行建造、配置较完善的综合地质地球物理调查船，该船将以海底天然气水合物资源调查为主，兼顾其他海洋地质与矿产资源调查。

海洋卫星作为海洋观测的主导高技术手段之一，在继续发挥重要支撑作用的同时，自身水平和能力的提高也至关重要。我国发展了“海洋”系列卫星，自主研制的高频地波雷达、海底观测设备投入使用，形成了空中、水上、水面、水下的海洋环境立体综合观测体系；研制了一批海洋环境参数监测仪器设备，在渤海、黄海、东海开展了应用示范，使海洋观测与检测能力得到显著提高。历经几代海洋工作者和航天工作者长期不懈的努力，我国海洋卫星工作取得长足发展。“海洋一号 A”“海洋一号 B”卫星正常运行，先后在北京、三亚、牡丹江、杭州(备份站)建立了四个接收站，接收范围覆盖中国全部海域及周边国家海域。通过海洋卫星的在轨运行，我们获取了大量中国近海及全球重点海域的叶绿素浓度、海表温度、悬浮泥沙含量、海冰覆盖范围、植被指数等动态要素信息以及珊瑚、岛礁、浅滩、海岸地貌特征和江河湖海等其他相关信息，实现了对我国主张的 300 万平方千米管辖海域水色环境大面积、实时和动态的监测，具备了卫星的全球探测能力，极大地完善了我国海洋立体监测系统。遥感业务监测系统已基本实现了业务化服务能力，提高了海洋环境监测效率，提升了海洋管理水平，海洋卫星已经成为推动海洋事业发展不可或缺的重要手段。

我国首颗海洋动力环境卫星“海洋二号 A”已于 2011 年发射成功，这是我国第三颗海洋卫星、第一颗海洋动力环境监测卫星，主要任务是监测和调查海洋环境，是海洋防灾减灾的重要监测手段，可直接为灾害性海况预警报和国民经济建设服务，并为海洋科学研究、海洋环境预报和全球气候变化研究提供卫星遥感信息。“海洋二号 A”卫星现正在持续对全球进行了实时监测，并向国内外海洋管理部门、科研院所、航天部门等用户单位提供了数据分发服务，卫星数据产品已逐步在海洋防灾减灾、海洋环境预报、海洋资源开发、海洋科学研究及国际合作等领域发挥了显著作用，获得极大的经济和社会效益，也极大地拓展了我国海洋资源空间。例如，海洋卫星应用技术对渔场渔情信息服务，海洋卫星资料对太平洋金枪鱼、北太平洋柔鱼、东南太平洋茎柔鱼等开展每周一次的业务化渔情分析与预报，并向渔业企业提供了渔情和海况分析等服务，为我国远洋钓鱼船、大型拖网渔船和金枪鱼围网渔船的科学生产提供了技术支撑。海洋卫星已经成为人类认识、研究、开发、利用和管理海洋资源不可替代的高技术手段。我们要以“海洋二号”卫星发射为契机，全面推动国内外卫星的综合海洋应用，不断将科研应用成果转化为业务产品，为提升大洋与极地科考能力、海监维权执法能力、海洋资源开发保护和综合管理的管控能力提供技术支持。近 30 年来我国海洋卫星取得了长足的进步，我国的海洋卫星从无到有、从单颗卫星到形成系列、从单一型号到多种型谱、从试验应用到业务服务，向着系列化、业务化的方向迈进。新时期，新阶段，海洋卫星需要具备全天时、全天候、大面积、多尺度、多要素、宽覆盖、近实时、高频次、周期性、连续快速的对我国海洋与海岸带、海岛进行观测的能力。同时，海洋卫星还要服务于我国拓展海洋资源空间的需要，全面开展全球海区如极地、大洋以及特定海区的观测，不断强化与飞机、船舶、浮标、深潜器、海床基观测系统及岸基台站观测系统之间的有机联系，从空间、海面、海床、沿岸、水下对海洋环境进行多平台多层次的长时序连续观测，努力提高海洋卫星对海域和海岛使用管理、海洋权益维护、海洋环境保护、海洋预报与防灾减灾等业务工作的保障能力。

（二）海洋生物资源开发技术

中国海域的生物种类丰富多样，已有描述记录的物种达 2 万多种，海产鱼类 1500 多种，产量较大的有 200 多种。渔场面积 280 多万平方千米，水产品年产量达 2800 多万吨，居世界首位。我国海洋生物的物种较淡水多得多，有记录的 3802 种鱼类，海洋就占 3014 种，此外，我国还拥有红树林、珊瑚礁、上升流、河口海湾、海岛等各种海洋高生产力的生态系统，对各类海洋生物的繁殖和生长极为有利，充分利用开发这一资源潜力巨大。

目前，我国在深海微生物资源获取、环境作用、应用潜力评估等方面已经取得了良好的阶段性成果，获得深海菌种 3000 多种。深远海（极地）微生物及其基因资源开发与产品应用示范项目已经获得微生物新资源 3696 株，入库菌种 1556 株，筛选获得了适应于海洋环境的具有产酶、拮抗病原菌、促生长的益生菌种，通过不同功效微生物的优化组合，复配得到 1 种复合微生态制剂。并在福建漳州、广西和海南等多地的石斑鱼育苗场、南美白对虾养殖场开展现场试验，取得了良好的应用效果，极有利于海洋养殖业产量的提高。

海洋生物医药在部分领域也进入世界先进行列。尤其是对几种重要海洋药用生物种质资源的发掘、保藏和利用，如从海洋生物中筛选发掘药用价值高的蜈蚣藻、星虫、草苔虫、荔枝螺和鬼鲉种质资源，研发重要海洋药用生物种质资源保藏技术，开发重要海洋药用生物的规模化生产利用等关键性技术，进行抗老年痴呆新药前体研究；并进行了海洋药源生物种质资源库建设，使海洋药源生物种质资源的收集、保存和鉴定更加标准化和系统化，使收集到的种质资源得到妥善和安全保存。通过建设一个资源共享平台，能够更加有效地为海洋生物产业发展和研发提供优质的种质资源、数据信息、方法手段等基础条件，建立联合、合作、协调、共赢的环境，实现海洋药源生物种质资源的社会共享。实施建设了海洋药源动物库、大型药源海藻库、药源微藻库、核心种质库、基因库、种质创制平台、展示平台、规模化制种技术平台和信息服务系统。

（三）海水开发技术

水资源短缺是一个重大问题，越来越多的利用海水是世界性的大趋势。开发利用海水资源，开发海水淡化等规模化海水利用技术，大力发展海水利用产业，向大海要淡水，是解决沿海地区水资源危机的重要途径。

海水直接利用技术在缓解沿海城市缺水中占有重要地位。目前，我国的一些火电厂已开始利用海水进行脱硫处理，深圳西部电厂、福建漳州后石电厂、青岛电厂相继建成了海水脱硫装置。大生活用海水已突破了排水生态塘处理技术和膜生物反应器处理技术，青岛和厦门的大生活用海水技术示范小区已经建成，海水农业和海水源热泵利用等海水利用实验工作也在进行中。

海水淡化在推进海水利用中地位重要，沿海工业利用淡化海水虽然量少，但是性质重要，目前全国的海水淡化，每年就能节省约 400 万立方米陆地水，对保证沿海工业生产的需要和居民生活用水发挥了重大作用，如果再发展海水综合利用，把浓缩海水用来提取化学元素，其淡化成本还要降低。目前海水淡化的成本已为岛屿用淡水和沿海发电厂用淡水和纯水所接受。海岛适用的系列海水淡化技术装备及应用，先后在我国北方的大管岛、灵山岛，南方的东瑁洲岛、永兴岛等海岛进行了应用示范，为海岛居民和驻岛官兵提供了可靠的淡水保障。这为我国海岛的开发与保护、海洋权益的维护以及海岛军民淡水需求供应提供了一条可靠、高效、便捷的途径，同时为自主海水淡化关键设备的应用和海洋可再生能源的利用提供了积极的示范作用。2013 年我国首个太阳能光热海水淡化商业示范项目投产海南省东黎族自治县，利用国内外领先的线性菲涅尔太阳能高倍率跟踪聚焦聚光集热系统，将太阳辐射热转化为高温水蒸气，利用所产生的高温蒸汽，通过多效蒸馏海水淡化装置将海水制成高品质的淡水。该技术特别适合我国沿海、岛屿能源淡水缺乏地区，对促进海岛等地区开发具有典型的示范作用。2013 年，海水淡化直饮水实验装置研制成功，通过大量实验获得优化参数，出水水质达到建设部《饮用净水水质标准》，为海水淡化直饮水在海岛的应用提供了技术支撑。

(四)深远海的开发技术

近年来全球展开了新一轮“蓝色圈地”“海洋探索”“资源开发”等运动，使得对深远海的开发能力成为维护国家海洋权益以及争夺国际性海洋资源话语权的制高点，成为赢得新一轮海洋发展竞争的支撑手段。

如今我国深远海开发技术也取得了令人鼓舞的巨大成就，从大型综合调查船到深潜器，可对海洋上空、海面、水下和海底进行立体调查，为海洋科学调查研究提供了强有力的技术支撑，也极大地拓展了我国海洋资源空间。

我国深海海底观测网试验系统已攻克网络节点各项关键技术，并按照标准规范完成各项测试，系统建设已完成路由调查、全系统水池联调和部分海上施工。2013 年顺利完成了全海深内波与混合精细化观测试验网第一阶段构建工作，这是国际上针对南海深水区内波时间最长、最系统的观测数据。实现了我国深海潜标批量布放，100%回收的先例，形成了我国深海潜标布放及回收规范，为我国开展深远海动力环境长期连续观测及科学研究奠定了坚实基础。针对国家赤潮监控业务化需求，经过努力，攻克了高悬浮泥沙海域自动采样处理技术、营养盐自动连续分析技术、覆盖我国常见毒素种类的试剂盒快速检测技术、多源多时相赤潮遥感检测技术、赤潮生态动力学数值预报等多项关键技术，建成了一套由卫星、船舶、浮标、岸基和赤潮志愿者组成的赤潮立体监测系统，并投入准业务化运行，具备了实时、长期、连续获取监测数据的能力，为沿海地方政府赤潮灾害监测、应急处置和管理决策提供了科技支撑。①

① 中国海洋年鉴编纂委员会：《中国海洋年鉴 2014》，北京：海洋出版社，2014 年，第 355 页。

在海底探测技术中，已经显示了重大意义的技术有：潜水器、滑翔器等。潜水器技术更是脱颖而出，2013 年自行设计、自主集成研制的“蛟龙”号深海载人潜水器首次试验性应用航次圆满结束，在我国南海、太平洋共执行 21 个潜水任务，成功完成了 7000 米级深潜海试，这标志着我国已系统掌握大深度载人潜水器设计、建造和试验技术，跻身于世界载人深潜先进国家行列。潜水器技术已广泛应用于海洋工程、港口建设、海上石油等经济领域；可完成水下搜索、探测打捞、深海资源调查、海底管线铺设、水下考古、电站及水库大坝检测等工作。

中国深海矿产资源开发技术发展也较为迅速，已形成了一定的技术储备，开发了一批关键仪器装备，这些先进装备以“大洋一号”科考船为平台，进行了深海矿产资源探测技术的系统集成，今后随着 7000 米载人深潜器的投入使用，中国将初步形成一个相对完整的大洋矿产资源立体探测体系。

为了更好地探索海洋，开采海洋资源，我国在海洋应用技术的研发上也不断出新，悬浮泥沙自动采样器、多波段全极化 SAR 水下地形信息分离技术研究、极化合成孔径雷达图像海洋特征分离技术、高光谱海洋遥感机理和应用研究、海底声学原位测试系统等为海洋资源的探索和研究提供坚强的后盾。通过高科技的研发和运用，为我们拓展海洋资源空间提供了巨大的帮助。

但是我们还应看到，随着陆地资源日渐枯竭，近海资源开发技术日趋成熟，未来各国争夺资源的方向必然是深海大洋，深海大洋对于正在崛起的中国是一个至关重要而不容错过的战略机遇。海底固体矿产、生物基因资源、富钴结壳资源、热液多金属矿资源是世界海洋强国争夺的重点资源，我国应在最高层面上对海底资源特别是深海资源的研究和开发尽早布局。

中国海洋科技发展经历了数十年，已经具有一定的规模优势。我国还应该加大对自主知识产权的海洋设备的研发投入，特别是一些具有战略意义的海洋基础设施，如海洋底基观测系统技术设备、深远海采样设备、海洋深潜器技术等。积极推动海洋技术的集成和转化：开展海水增养殖、生物资源保障、远洋渔业等技术成果集成与转化，推动海洋水产品加工、贮藏、运输等关键技术应用；开展生物活性物质、海洋药物产业化以及海洋微生物资源利用等技术成果转化，推广海洋药物、功能食品、化妆品、海洋生物新材料及其他高附加值精细海洋化工和新型海洋生物制品成果；开展蔬菜、观赏植物等野生耐盐植物的规模化栽培工艺、改良技术和产品综合加工利用技术转化；开发具有自主知识产权的新型平台、适合深水海域油气开发的深水平台、油气储运系统、水下生产系统等海洋石油开采装备技术产品；加快海上油田设施的监测、检测、安全保障和评估技术的开发和应用，深(远)海技术应用转化，海洋监测技术产业化等。

四、建立健全海洋人才队伍

海洋人力是拓展海洋资源空间的核心动力和关键所在，决定了中国海洋资源开发的广度和深度。海洋人力资源是海洋资源空间领域最活跃、最具潜力的资源，是海洋事业发展的动力之源。要实现海洋强国的目标，必须高度重视和认真组织实施海洋人力资源的开发利用，造就一支素质高、数量大、结构合理、空间分布均匀的海洋人才队伍。海洋人才是知识的载体，是信息资源与海洋资源开发与利用之间的桥梁和纽带，是海洋事业发展的内在动力，它决定着海洋资源开发和利用的质量，影响着海洋资源开发的效益。

随着国际海洋形势的变化，当前开发和抢占海洋空间已经迫在眉睫，而海洋人力资源的竞争则成为国际海洋竞争的主要领域，因此，海洋事业要持久高效的可持续发展，就必须优先实施海洋人力资源战略。加强海洋人力资源的开发，为我国海洋事业更快更好地发展储备海洋人力资源，已成为实施“海洋强国”战略的重要内容。海洋人才对促进海洋经济增长，促进海洋产业的升级进步，促进国民收入持续增长，起着决定性的作用。因此，处在快速发展中的海洋事业必须把海洋人力资源作为第一资源优先开发，才能使潜在的海洋人力资源优势转化为海洋产业的竞争优势。

从我国地理区位可以看出，我国海洋人力资源主要分布在青岛、广州、上海、厦门、北京、大连等东部地区的大中城市。以海洋人才最为集中的青岛市来说，海洋理科人才偏多、工科人才不足，海洋经济、海洋法律、海洋文化人才甚少，而海洋企业经营管理、有国际影响的企业家更是奇缺。在科学技术日新月异、知识经济蓬勃发展的今天，我国急需培养、选拔和吸引大批高素质的海洋人才，优化海洋人力资源空间布局。

面对激烈快速变化、不断发展完善的国际经济环境，借鉴国际先进理论用于我国海洋人力资源的开发和管理，必将有助于海洋人力资源的开发，使整个海洋产业获取竞争的优势。海洋资源开发是科技密集型和人才密集型事业，教育培养海洋人才大军是发展海洋事业的基础，也是建设海洋强国的根本保证。海洋事业发展的每一步，海洋产品的开发及相关服务，海洋经济组织的目标和经营策略等，均须通过海洋人力资源直接或间接的参与才能实现。海洋人力资源培育是一种对每个海洋工作者的各种素质最大限度地促进、改进与提高的过程，它的对象既可以是海洋领域的所有科技工作者，也可以是特定海洋单位或组织的相关科技工作者，还包括海洋经营管理人员。海洋人力资源培育的目的是通过有效发掘海洋工作者个人潜能，全面提高其素质，通过建立一系列激励机制合理利用每位海洋工作者的劳动能力，来达到提高海洋组织、单位的人力资源质量，优化海洋人力资源结构，从而使整个海洋行业、海洋科研组织获得全方位、多层次的经济效益和社会效益。

加强海洋教育，扩大海洋人才培养规模，力争用10年左右的时间使海洋人才资源总量翻一番，达到400万人，占海洋产业就业人员总量的比例达到35%，造就百名具有世界一流水平的海洋科学家和技术专家，形成多学科、多领域的海洋人才创新团队。构建高水平、多层次、大范围的海洋人才教育与培训体系，进一步提高海洋人才队伍整体素质，受高等教育的海洋人才比例逐步提高。支持发展海洋高等教育，调整优化涉海高等院校海洋学科专业设置，扩大相关专业办学规模，推进重点学科和实验室建设，加强国内外学术交流与合作，积极培育具有国际水准与地域特色的海洋院校和专业。在经费投入、扶持政策等方面对海洋基础学科教育予以适当倾斜。积极发展研究生教育，改革培养模式。实施海洋人才培养共建计划，继续推进涉海部门与相关高等院校合作共建。加强海洋职业教育和培训，壮大专业技能人才队伍。制定海洋行业继续教育规划和实施办法。增强全民族海洋意识，推进中小学海洋基础知识教育，加强高等院校海洋科学和文化普及教育，加大海洋职业技能培训力度，完善海洋继续教育培训制度，大力倡导海洋科技知识的普及与宣传。

为了应对国际海洋发展形势、实现建设海洋强国目标的重大战略抉择，在海洋事业发展中要贯彻人才是第一资源、人才优先发展的思想，坚持需求牵引、创新机制、以用为本、统筹开发、突出重点的原则，实施“泛海人才战略”①。加快海洋教育发展，加强高层次创新型人才培养，完善海洋人才工作体制机制，发挥海洋人才效能，统筹推进海洋人才队伍建设。遵循人才发展规律，加大海洋人才工作机制和政策创新力度，进一步改善海洋人才环境，充分发挥海洋人才效能，统筹推进海洋人才队伍建设。同时要研究制定“全国海洋人才发展规划”。《全国海洋人才发展中长期规划纲要(2010—2020年)》指出，要以高端、急需紧缺人才发展为重点，着力打造七支海洋人才队伍，统筹抓好各类人才队伍建设，整体推进海洋人才队伍发展：①培养世界一流水平的海洋科学家和技术专家队伍。到2020年，造就百名具有世界一流水平的海洋科学家和技术专家，高层次创新型海洋科技人才达到千人左右。②培养海洋工程装备技术人才队伍。造就一批研发设计制造能力强、专业配套合理、综合素质高的人才队伍。到2020年，海洋工程装备技术人才达到15万人。③培养海洋资源开发利用技术人才队伍。打造一支高素质、高水平的海洋资源开发利用技术人才队伍。到2020年，海洋资源开发利用技术人才达到9万人。④培养海洋公益服务专业技术人才队伍。打造一支既掌握海洋专业知识，又掌握专门技术的海洋公益服务专业技术人才队伍。到2020年，海洋公益服务专业技术人才总量达到8000人。⑤培养海洋管理人才队伍。打造一支适合中国国情、具有现代管理意识和服务能力、高素质、复合型的海洋管理人才队伍。到2020年，海洋管理人才达到7万人。⑥培养海洋高技能人才队伍。打造一支以技师和高级技师为骨干，以高级工为主体，熟悉海洋领域新技术、新工艺、新材料和新设备，规模稳定的高技能人才队伍。到2020年，

---

① “泛海人才战略”是指面向建设海洋强国战略的需要，树立“大海洋”的理念，统筹规划各涉海部门人才队伍建设，协调指导各沿海地区人才队伍发展，整合优化各学科海洋科技人才资源，建设跨地区、跨部门、跨行业、跨学科、跨领域的海洋人才队伍。

海洋高技能人才总量达到 55 万人。⑦培养国际化海洋人才队伍。到 2020 年，高层次国际化海洋人才总量达到 2000 人。

建设海洋强国的实际需要，为中国海洋人才发展提供了空间，也为吸引国际海洋人才创造了条件。加快海洋人才的培养和开发，充分发挥海洋人才效能和潜力，正确处理海洋事业发展需求与海洋人才培养的关系，制定和完善中国海洋人力发展规划，目的在于结合海洋强国战略，通过对海洋人力资源空间布局状况以及人力资源空间拓展现状的分析，找到未来海洋资源空间开发的重点和方向，以保证海洋事业可持续健康发展。